旅鉄CORE
004

配線で読み解く鉄道の魅力

単線路線編

川島令三

天夢人
Temjin

はじめに

鉄道にとって線路や分岐器をどのように配置しているかが重要なポイントである。列車をどうやって動かすかは線路配置、つまり配線をどうするかが要である。分岐器、すなわちポイントをどこに置くかが、まさしくそれがポイントなのである。

今回は単線路線の配線について取り上げた。単線だからポイントはいらないと思われがちだが、それは一つの列車が行ったり来たりする短い路線の場合である。それでも車両の検査をするための線路を設置しなくてはならず、どうしてもポイントが必要になる。

紀伊半島を走る紀勢線の御坊駅から出ている延長2・7㎞の紀州鉄道は紀勢線と線路がつながっていない。通常の鉄道路線として2番目に短く、まさしく一つの列車が行ったり来たりしているが、途中の紀伊御坊駅に車庫があり、二つのポイントによって2線の検査・留置線が置かれている。

また、一番短い2・2㎞の芝山鉄道（東成田―芝山千代田間）は車庫がなく、終点芝山千代田駅はポイントがない。しかし、東成田駅で京成本線と接続して直通運転をしている。多くは京成成田駅までだが、京成電鉄の特急や快速となって京成上野駅まで走る電車も多い。芝山鉄道だけ見ればポイントは一つもないことになるが、すべての電車は京成本線に直通しており、京成本線の一つの区間とみなすことができる。

遊園地にある遊戯路線の鉄道は別にして、国土交通省が許可している鉄道路線のなかで、まったくポイントがないのは、京都の鞍馬寺のケーブルカーだけである。運賃の収受をしていないが寄付金200円を支払って乗車する。しかし、通常の鉄道ではない。

過去には小田急の向ヶ丘遊園モノレール線と名古屋鉄道のモンキーパークモノレール線もポイントがなかった。駅を通り越した先に検査用の線路が置かれていた。とはいえ、これらも通常の鉄道ではない。

通常の鉄道でポイントがない路線はまったくない。そして単線鉄道であっても運転本数が多くなると、途中の駅を複線にして行き違いができるようにする。これを行違駅という。

行違駅のポイントの構造や配置は列車の種類や地形、用地、使用目的、歴史的要因などに影響されて駅ごとに異なっている。かつて行違駅だった駅が線路1線とホーム1面の単純な駅になっているが、行違駅の痕跡は多いに残っている。単線路線だといっても行違駅を見ると奥が深いのである。

単線路線で2列車以上走らせている路線では正面衝突事故を起こさないような工夫が必要である。現在の路線の多くは多数の列車の位置を把握して行違駅で出発するか停止を続けるか自動的に制御されるが、中には一つの区間だけに有効な通標というものを運転士に持たせて走らせ、他の列車をその区間では走ってはいけないようにして衝突を回避するようにしている。

単線路線といえばローカル線というイメージがあるが、単線であっても頻繁運転をして街中を走る路線や、高速運転ができるようにした新路線や改良路線も多い。

本書では第1章で単線路線の配線がどうなっているのか、衝突などの事故を防ぐためのメカニズム、ホームの形態、衝突を防ぐハードな方法としての安全側線の存在を紹介した。

第2章では、いわゆるネットダイヤによって頻繁運転をしている都市近郊路線や各行違駅の配線の形状、新幹線に安全側線がない理由などを取り上げ、国鉄が建設したローカル路線の代表として九州の指宿枕崎線の各駅の状況を紹介した。

　第３章では単線路線であっても高速列車を走らせるために改良した路線として、まずは九州の篠栗線、続いて北海道の道央と道東を結ぶ高速化した石勝線、京阪神地区と景勝天橋立を結ぶために高速化した京丹後鉄道宮福線と山陰本線、四国西部で高速化した土佐くろしお鉄道宿毛線を紹介するとともに、高速運転をしていないのになぜか高速化が可能な配線になっている同じ土佐くろしお鉄道の阿佐西線を紹介、次に日本の在来線で初めて１６０㎞運転をした北越急行ほくほく線の配線や線形状況を紹介、最後に現在でも１６０㎞運転をしている上野と成田空港を結ぶ成田スカイアクセス線の単線区間である成田湯川―空港第２ビル間の状況を紹介した。

　これら路線では配線図で紹介するのではなく、実際に撮影した写真を主にして紹介した。配線図だと実態を把握しにくいが、各駅の配線を具体的に把握するためには写真のほうがわかりやすい。図ではわからない事柄でも、写真で見ると線路の脇に建っている標識や構造物がどうなっているのか、どうしてそんなものがあるのか一目瞭然に把握できる。

　鉄道配線の基礎として単線路線は奥が深いものがある。単線路線の配線状況を理解していただき、本書によって実際に乗ってみて単線路線を楽しんでいただければ幸いである。

２０２３年2月

川島令三

目次

第3章　単線路線の高速化……91

第1章

単線路線の配線と信号保安装置

単純な単線鉄道路線

単線の路線はローカル地区にあると思われるが、東京都内の足立区にある東武鉄道大師線も単線路線である。しかも西新井―大師前間の距離1・0㎞と短く途中に駅はない。

練馬区にある西武鉄道豊島線も途中に駅はないが、豊島線を走る多くの電車は池袋線と直通している。このため練馬駅は池袋線と同じ2番線から豊島園行が発車し、3番線に豊

豊島園駅は頭端島式ホーム１面２線になっている

中央の線路が豊島線。豊島園発の電車が進入中

石神井公園寄りからみた練馬駅。練馬駅は島式ホーム２面６線になっている。右から下り急行線、ホームに面して右側が下り西武有楽町線、左側が緩行線と豊島線兼用の下り線、その左に緩行線と豊島線の上り線、続いて上り有楽町線、そして上り急行線となっている。上下緩行線からＹ字配線で合流して単線で下っているのが豊島線である

島園発の池袋行が到着する。しかも練馬駅には西武有楽町線が接続し、同駅から石神井公園駅まで複々線になので非常に複雑な配線になっている。豊島園駅は頭端島式ホーム１面2線になっている。

それにくらべて大師線では車両の交換をするとき以外は西新井―大師前間を2両編成の電車が行ったり来たりするだけである。大師前駅は片面ホーム1面1線、西新井駅では島式ホーム1面と発着線2線がある。伊勢崎線とは別の専用の発着線である。

伊勢崎線の大師線の2番線はホームの前後で伊勢崎線の下り急行線とつながっている。

大師前駅は頭端片面ホーム１面１線

西新井寄りから見た大師前駅

大師線の2両編成の電車は春日部車庫（正確には南栗橋車両管理区春日部支所）に所属している。春日部車庫への入庫回送はそのまま伊勢崎線の下り急行線に転線すればいいが、春日部車庫から大師線に入る場合は北千住駅の浅草寄りにある引上線まで行って伊勢崎線の下り急行線に転線して、大師線の西新井駅の1番線に進入している。

東武大師線は本線にある車庫から入出庫することがあるので、本線と行き来するための配線になっている。大師線の西新井駅は島式ホーム1面2線になっているものの、大師線だけ見ればもっとも単純な配線である。大師線西新井駅はポイントが一つあるが、

西新井駅を浅草寄りから見る。左端の伊勢崎線下り急行線から大師線2番線への連絡線が分岐しているが、駅の手前で右カーブしているのでその手前の直線のところにポイントがある

大師寄りから見た西新井駅。大師線島ホームは島式で2番線はホームの前後で伊勢崎線の下り急行線とつながっている

下り急行電車から西新井駅の浅草寄りを見る。急行線よりやや下がったところに連絡線があり、その隣にある横取線（保守車両留置線）が乗り上げポイントで合流している

大師線の電車は通常1番線から発車する。2番線で発車するのは年末年始の参拝客による混雑緩和のために増発するときと春日部車庫からの入出庫のときだけである

通常は固定されていることから棒線路線といわれる。

関西の阪和線の支線である羽衣《はごろも》支線や南海電鉄の高師浜《たかしのはま》支線も同様である。ＪＲ羽衣支線は阪和線鳳駅と南海本線羽衣駅に隣接した東羽衣までのわずか１・２㎞の盲腸路線かつ棒線路線である。羽衣支線鳳駅のホームは阪和線と離れたところにあってカーブしている。

東羽衣駅に進入する４両編成の225系電車

阪和線上りホームからみた羽衣支線の片面ホーム。大きくカーブしている

東羽衣駅は乗降分離をした片面ホーム2面に挟まれて1線の発着線があるが阪和線の一般車両はすべて横1&2列の転換クロスシート車223・225系で統一されており、羽衣支線も4両編成の225系が走っている。このため乗車ホームを4両編成に伸ばして降車ホーム兼用にした。

高師浜支線には途中に片面ホームの伽羅《きゃら》橋《ばし》駅がある。高師浜駅や伽羅橋駅のような片面ホーム1面1線の駅を棒線駅という。

ただし連続立体交差化事業によって南海本線羽衣―高石間とともに羽衣―伽羅橋手前間が高架化される。

すでに南海本線は高架化されたが高師浜支線の羽衣―伽羅橋間はまだ工事中のために令和6(2024)年まで休止している。現在はバス代行運転をしている。

先に高架化された南海本線上り片面ホームの反対側に高師浜線の切り欠きホームが設置される。伽羅橋―高師浜間は昭和45年3月に高架化されている。また、南海本線諏訪ノ森―高石間

右：鳳寄りから見た東羽衣駅。従来は3両編成分の長さしかなかったが、現在は225系4両編成が使用されるようになって乗車ホームだけが4両分に延伸され、左側の降車ホームは閉鎖されている

右下：停車中の4両編成の225系電車。かつての乗車ホームは延伸されて乗降ホームになっている

下：かつての降車ホームから終端部を見る。冒進余裕はあまりなく電車はゆっくり進入する。冒進防止のために駅手前にはS形地上子2対による速照ATSが設置されている

の高架化工事も始まった。

京王電鉄の動物園線も棒線路線だが、起点の高幡不《たかはたふ》動《どう》駅では行楽シーズンに本線（京王線）からの直通急行を運転に備えた配線になっている。

終点、多摩動物公園駅も急行などの乗り入れに備えて豊島園駅と同様に頭端島式ホーム1面2線だが、1番線は10両編成が停車できるものの、2番線は6両編成ぶんしか停まれない。通常は4両編成、行楽シーズンは6両編成で運転されるので2番線で発着する。

令和3（2021）年3月までの土休日に下り1本の都営新宿線本八幡発の急行が多摩

現在は休止中の高師浜駅。片面ホーム１面１線の棒線駅。冒進防止のATSが設置されている

中間にある伽羅橋駅も棒線駅

高架後の南海羽衣駅

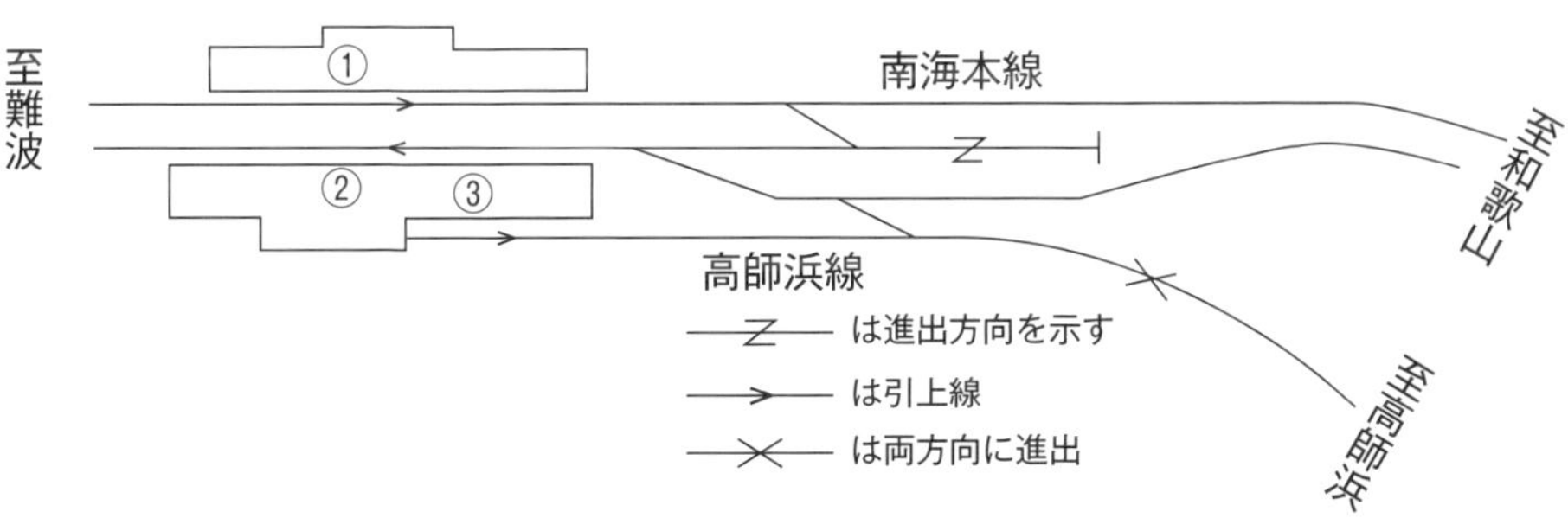

動物公園駅まで運転されていたが、京王線は昼間時でもダイヤが過密なので、動物園線への直通急行を走らせる余地はあまりなく、現在は直通急行の運転はない。

高幡不動駅の配線は動物園線から京王線の上り線に直接入れるようになっていない。下り線には入れるが新宿行直通急行が下り線から発車すると、誤乗する人が出てこないとも限らない。それでも下り副本線の2番線は新宿方面へ出発できる。

ずっと以前には新宿行直通急行があった。その直通急行は乗客を乗せたまま2番線を通り越して八王子寄りの下り本線上に引き上げて、ここでバックして上り5番線に進入、よ

1番線に入線する動物園線電車

新宿寄りから見た高幡不動駅。下り本線から1〜3番線に入線できる。1番線が動物園線の発着線、2番線が待避用の下り副本線、3番線が下り本線

左の1番線は新宿直通用で10両編成が発着できる。右の2番線が動物園線内区間運転用で6両編成分の長さがある

うやく扉を開けて乗降できるようにして新宿へ出発していた。結構面倒だったので多摩動物公園発新宿行直通急行の運転はなくなった。

ローカル地区には距離が長い路線であっても棒線路線がいくつかある。九州の南阿蘇鉄道がそうである。同鉄道は豊肥本線の立野駅と高森駅まで結んでいる。

かつては国鉄高森線だったが、赤字路線のために国鉄は特定地方交通線に指定、国鉄から切り離すことを決定した。切り離す場合は廃止かバス転換、または地元が出資する第三セクター鉄道にするか、いずれかの選択を国は提示した。その結果、地元は南阿蘇鉄道を

多摩動物公園駅。２番線に停車中の高幡不動行

単線だが複線ぶんの路盤は確保されている。左側は多摩モノレール程久保駅

高幡不動駅の１番線は行き止まり。右は下り副本線の２番線

動物園線からは1、2番線に進入できるが、3番線（下り本線）、4番線（上り本線）、5番線（上り副本線）には進入できない

動物園線からの新宿直通電車は八王子寄り下り本線上の写真の位置に最後部が来るように引き上げる。そして折り返して4番線に入る。右下の入換信号機の下部の数字の2、3、5のどれかが点灯すれば高幡不動駅の2、3、5番線のいずれかに進入できることを示している。5番線は上り副本線で、手前のシングルスリップポイントを経て新宿行5番線に入る

設立し、高森線を承継して運行が開始された。しかし熊本地震によって立野駅近くの第1白川橋梁が崩壊、現在は中松―高森間だけが運行されている。

熊本震災前の全線運行時もそうだが、運転本数が少ないために一つの列車が行ったり来たりする。終点高森駅に車庫があるので、高森駅は単純な棒線駅ではないものの、ホームは1面、発着線は1線しかない旅客設備だけ見れば棒線駅である。立野駅も奥でJR豊肥本線とつながっているがやはり旅客設備だけ見れば棒線駅であり、中間の駅はすべて棒線駅になっている。

なお不通区間は令和5年夏に運転再開を予定している。また豊肥本線の立野駅はスイッチバック駅である。

鳥取県の若桜《わかさ》鉄道も棒線路線である。ただし郡家《こおげ》駅でJR因美《いんび》線に乗り入れて鳥取駅まで直通する列車があるので、郡家駅はJRの駅を間借りしている。また、終点若桜駅には車庫があるので単純な棒線駅ではない。それでも旅客関連の線路だけみれば棒線駅である。

右：高森駅には車庫があるが、ホームは１面、発着線も１面である
右下：立野駅も片面ホーム１面１線である
下：ただし立野駅の奥に引上線２線と豊肥本線への連絡線がある。豊肥本線の立野駅はスイッチバック駅で、左奥にシーサスポイント（両渡り線）があり、その奥の左側が熊本方面、右側は結構長い折返線が伸びていて、もう一度方向転換をして大分方面に向かう

運転本数が増えてくると途中で行き違いができる駅が必要になる

北条《ほうじょう》鉄道も棒線路線だったが、朝夕ラッシュ時に混雑してきたので途中の法華《ほっけ》口《ぐち》駅を行違駅にして増発することにした。

北条鉄道も地方交通線に指定された元国鉄北条線だった。国鉄時代の法華口駅は行違駅だった。運転本数はさほど多くないのとディーゼルカー（気動車）の加速性能がよくなって所要時間を短縮した。このため法華口駅で行き違いをすることがなくなったので、行き違い設備を撤去して棒線駅化した。それを再び行違駅として復活したのである。

若桜駅は車庫がある。左側にC 11167 号機が置かれ転車台もあるが、これらの線路は本線とつながっていない

隼駅はもと両開きポイントによる行違駅だったのを棒線化したので線路は旧上り線の軌跡をたどっている

郡家駅では通常は右側の１番線で若桜鉄道の列車が発着するが、左側の１、２番線でも発着することもあるためこれら発着線へも入線可能な配線になっている

隼駅はスズキ自動車の大形バイクのハヤブサのライダーに人気があって立ち寄るライダーが多く、駅の郡家寄りには北陸鉄道の元機関車の ED301 号機と JR 四国のオロ 12 ― 6 号客車が２輪単車のバイク愛好者休憩用のライダーハウスとして置かれている

それまでは一つの列車が行き来するだけであり、ＪＲ加古川線と神戸電鉄と連絡する起点の粟生《あお》駅では両鉄道とレールがつながっていない単純な棒線駅、終点の北条町駅に車庫があるものの旅客設備は棒線駅である。

一つの列車が行き来するだけなので正面衝突をする心配はなかった。専門的な言い方をすると「全線1閉塞」の1列車運行であった。

閉塞とは一つの区間を定めてその区間は1列車だけが走るようにして衝突を避けるものである。

行違駅に復活する前の法華口駅。左の大きな桜の木のところに島式ホームが残っているが、これを利用せずに手前の貨物側線跡に行違線を新設した

粟生駅では JR 加古川線の下り線とホームを共用するがレールはつながっていない

北条町駅には留置線 1 線と検修線 1 線があるが、旅客設備は片面ホーム 1 面 1 線の棒線になっている

全線1閉塞だから信号保安装置は不要だが、車両そのものは3両あった（現在はＪＲ東日本からキハ40形1両を譲受4両体制なっている）。通常は単行（1両走行）運転だが、混雑時は2両編成で走り、1両は予備として北条町駅に留置または車両検修がなされていた。

走らない車両が誤って本線に入り込む可能性がある。そうなると衝突してしまうから、他の列車が走らないようにする必要がある。

通標閉塞と自動閉塞

北条鉄道ではスタフ閉塞を採用していた。通標というものが一つだけあり、その通標を搭載している列車だけが本線を走ることができる。

この結果、他の列車を走ることがないので、衝突を避けることができる。

一般に通標は穴が開いたメダルになっており、輪っかが付いた皮袋（タブレットキャリア）にそれを入れて運転室に置いて走らせる。

北条鉄道では法華口駅を行違駅にした。そうすると全線2閉塞になり、穴の形状が違う2種類の通標が必要になる。この二つの通標を法華口駅で上下列車が交換をすることになる。

通標の交換は運転士同士だけでしてはいけない規則になっている。かならず常駐の駅員（通常は駅長もしくは駅助役）が介在して交換する決まりになっている。

行違駅のことを交換駅ということがある。列車を交換するわけではなくて、通標を交換することから交換駅というのである。通標の交換がない自動閉塞を採用している行違駅を交換駅というのは厳密にいえば間違いなのである。

通標の交換を不要にするために前述の自動閉塞や特殊自動閉塞という設備が必要になる。

自動閉塞とは左右のレールに電圧が低い信号電流を流し、列車の車輪によって電流をショート（短絡）させることによって、その閉塞区間に列車が走っていることがわかる（検知）ようにしたものである。これによって一つの閉塞区間に２列車以上の走行ができないようにするのである。

自動閉塞は１閉塞区間全区間に信号電流を流すので費用がかさむ。そのため行違駅の出口と入口にだけ信号電流を流して連動させても同じことになる。これを特殊自動閉塞とい

越美北線越前大野―九頭竜湖間の通標。まんなかの穴の形状は三角

通標を肩にぶら下げて列車が来るのを待っている駅長

由利高原鉄道前郷駅で駅長と運転士によって２種類の通標（由利本荘―前郷間と前郷―矢島間）を交換する

う。ただし全区間信号電流を流しておく自動閉塞のほうがより確実に列車を検知できるし、なんらかの要因で列車を停めるために人為的左右のレールを短絡（軌道短絡器）して事故を防ぐには自動閉塞のほうがいい。

さらに行違駅の出入口に受信機を設置、列車から電波を発信させて、これで列車の存在を検知するようにした方式がある。これを電子符号照査式特殊自動閉塞という。

路面電車の位置検知方法

北陸高岡の万葉線の路面区間の新吉久電停。架線にトロリーコンダクターが設置されている

長崎電気軌道のトロリーコンダクター

路面電車では軌道短絡による自動閉塞はできない。路面を走るために軌道回路を電気的に浮かせることはできない。レールに電流を流しても地中に電気が漏れてしまうからである。

路面電車では架線にトロリーコンダクターという装置を設置している。パンタグラフやビューゲルなどの集電装置がトロリーコンダクターを通ると同装置の先端が押される。それを検知して電車の位置を把握する。それによって自動閉塞にしている。

廃止された名鉄美濃町線ではトロリーコンダクターを設置していなかった。同線では鉄道線と同様に通標の交換を行っていた。

北条鉄道が採用した標券指令閉塞方式

北条鉄道のような弱小私鉄では駅員配置や自動閉塞等の設置は費用がかさむ。そこで通標と後述する通券をＩＣカードにして、これによる標券指令閉塞方式を日本で初めて採用した。

出発指令式とは

信号機が故障したときでもなんとか運行できるようにするのが指導指令式という方法である。

ホームの先端に要員を配置し、運転指令所にいる司令が他の列車の位置を確認する。先方の閉塞区間に列車がないことを確認して、ホームにいる要員に伝え、要員は出発許可の合図を運転士に送る。信号機に代わって要員が手で合図することから代用手信号という。

ただしこの方式はあくまで非常事態が起こったときで通常は行わない。

標券閉塞とは

通標と通券をセットにした行き違い方式がある。これを標券閉塞という。

通標を交換するスタフ閉塞方式では対向の列車同士が行き違いするだけである。

ラッシュ時などでは混雑を緩和するために片方向に連続して2列車を走らせる必要がある。これを続行運転という。

通標は常に一つだけしかないので続行運転はできない。前方の行違駅で対向列車がこの通標を受け取って駅に戻してこれを続行列車に渡さないと、続行列車は走らせることができない。

これをしないですむ方式として標券閉塞方式が編み出されている。

先行列車に使用日時と使用する列車の番号が記載された用紙を通券と称し、これを先行列車に搭載する。後続列車には通標を搭載する。

次の行違駅に先行列車が到着すると通券を駅

右：上野駅地上ホーム13番線に掲げられている手信号現示位置
右下：銚子電気鉄道笠上黒生駅で運転士が駅長に通券を渡すところ
下：かつての黒部アルペンルートの関電トロリーバスは無軌条電車という鉄道路線として管理されており、信号保安は標券閉塞だった。先頭のバス（車両）に通券、最後部の車両に通標を搭載して隊列走行をする。関電トンネル内に行き違い場所があり、対向の隊列走行のバス群と通券、通標の交換をしていた

長に渡す。駅長はこれを通券箱に収納して施錠をして二度と使えないようにする。通券の発行は通標を通券箱に差し込まないとできない。いわば通標は通券発行の鍵の役目をしている。

そして後続列車が到着して通標を駅長に渡し、対向列車はこの通標を受け取らない限り出発できない。

こうすると２列車続行どころか、通券と通標を搭載する二つの列車の間に何も搭載していない列車を多数走らせることも可能になる。

かつての関西電力黒部トロリーバスが多数のトロリーバスを続行で走らせていたときに採用されていた。

現在では銚子電鉄の仲ノ町―笠上黒生《かさがみくろはえ》間と小湊鉄道の上総《かずさ》牛久《うしく》―里見《さとみ》間が標券閉塞を採用している。

日本初の指導指令式標券閉塞を北条鉄道が採用

この標券閉塞方式と先述の指導指令方式を合体させてＩＣカードを通券と通標にしたのが指導指令式標券閉塞である。標券閉塞は北条町―法華口間とし、法華口―粟生間はスタフ閉塞とする。

始発時に続行運転をする。このとき、先行列車の運転士にＩＣカードによる北条町―法華口間の通券（以下ＩＣ通券）と法華口―粟生間の通標（以下ＩＣ通標）を持たせ発車する。

行違駅の法華口駅でＩＣ通券を標券箱に収納施錠をする。そして法華口―粟生間の通標をICカードリーダーにかざして北条口にいる運転指令にこの通標を有効にしてもらって発車する。このときにもICカードリーダーによって運転士は出発要求の信号を送り、運転指令は確認返答して出発する。

北条町駅から続行する列車には北条町—粟生間で有効なIC通標を搭載して出発する。そして法華口駅では、粟生駅で折り返してきた先行列車とで二つのIC通標の交換をする。交換後、両列車は再びICカードリーダーをかざして出発要求を運転指令に伝え、運転指令は他に列車がないことをチェック、出発信号機を進行現示（緑灯点灯）にして列車が出発できるようにする。

他に列車がいる場合は停止現示（赤灯点灯）のままとなり、信号機と連動しているATS（自動列車停止装置）によって出発できないようにしている。

その後の朝ラッシュ時には2区間の通標を法華口駅でIC通標を交換して運転間隔を短くする。

閑散時になると法華口駅でのIC通標の交換はなくなり、2区間を1閉塞にしたIC通標を搭載しつつ、法華口駅でICカードリーダーにかざして出発要求を

粟生寄りから見た法華口駅全景。左が旧片面ホーム、右が元島式ホーム、奥が新しい相対式ホーム

するものの、１列車が行ったり来たりをする。

つまり、通常いわれるところの運転間隔を短くした続行運転でなく、車庫が終点の北条町駅にあるため、次発の出庫列車が行違駅の法華口駅まで運転できるようにするための標券閉塞方式なのである。

夕ラッシュ時にも朝の始発時と同じ手順で標券閉塞を北条町―法華口間で行ってから、２閉塞区間に変更する。そしてＩＣで通標の交換をして運転間隔を詰める。

国鉄時代の法華口駅は島式ホームの行違駅だった。北条鉄道に転換されたとき片面ホームを新設して棒線駅化した。

再び行違駅にするためには残っている島式ホームを使うのが手っ取り早いが、島式ホームには桜の木が植えられて春には花見の人々が集まり親しまれている。そのために北条町寄りにもともとあった貨物側線跡に上下列車が並列で停車できる相対式ホームを設置した。

従来の駅本屋から新設の相対式ホームに行くことになるが、通常の左側通行をした場合、北

右：新ホームは右側通行のため左側の線路が粟生行、右側が北条町行、粟生行の線路に絶対停止のATS地上子が置かれている

右下：粟生行のホームの北条町方を見る。地上子２個を並べた10km/h制限の速照ATSと作業デッキに北条町行の出発要求装置（ICカードリーダー）が置かれている

下：粟生行ホームから見た作業デッキに置かれている標券箱（右）と出発要求装置（左）

条町行の列車が進入してくるので構内踏切の遮断機が下りてしまって粟生行の列車に乗れない。そこで右側通行にして粟生行の列車がホームに停車時に構内踏切を開けるようにした。このとき通標の交換ができるように上下線間に作業用デッキ（細長いホーム）が設置されて通標の交換を行う。

ポイントは右側通行のスプリング式である。この方式はスプリングによってポイントの向きを常に右側（通常は左側）に進むようにしている。向きが違う線路の反対側からポイント部に進むと脱線してしまう恐れがあるが、さほど強くないスプリングによって押さえているので、反対側から進入する列車は車輪によってポイントを押し分けて脱線せずに安全に進入できるようにしている。

法華口駅で高速に進入して駅を通り越してしまう心配がある（これを冒進という）。それができないようにするために駅手前にはスピードをチェックする速度照査（速照）用のＡＴＳ（自動列車停止装置）の地上子（地上装置）を

右：北条町行ホームから粟生方を見る。速照地上子が置かれている

右下：粟生行ホームから旧ホーム方を見る。旧ホームと新ホームの間に構内踏切があり、新ホーム側に絶対停止のATS地上子が置かれている

下：構内踏切から作業デッキを見る。粟生寄りに通券箱と出発要求装置が置かれている

3組設置した。3組の地上子は順に45㎞、25㎞、10㎞の3段階の速照を行う。出発信号機直下には誤出発防止用の地上子を設置した。これによって4段階のチェックをして冒進ができないようにすることで対向列車に正面衝突事故を防いでいる。

速度照査用のATSの地上子はJRが開発したものを採用している。JRの速照地上子は2種類がある。一つは地上子から定められた速度に見合う周波数の電波を発信して、これを車上子（車両側の装置）が受けて速度計と照らし合わせて超過していれば所定の速度まで下げる方式である。JRのATS—P形がそうである。

車両の前方のレールの間にあるのがＰ形地上子

小判形になっているのがＳ形地上子。最近のＳ形地上子の形状はＰ形地上子に似ている

北陸本線新疋田—敦賀間にあるＳ形速照地上子はJRで最初に設置された。前方のカーブの手前に取り付けられている

しかし、P形の地上子が高価なので、国鉄時代から採用している安価なS形地上子を応用した方式も開発された。S形地上子は車上子から発した電波を反射して車上子に送り返すだけのものである。S形地上子2個を一定の間隔で置き、列車が両地上子間を0・5秒以上で通過すると何ら動作しないが、0・5秒未満で通過すると非常ブレーキがかかるようにしている。このため照査速度に見合った間隔で地上子2個を並べる。

法華口駅の行違駅化はこれらの施策を行って令和2年6月から運用を開始した。

なお、大手私鉄の多くはレールから、または地上子から速照速度に見合った周波数の電波を発して、車上子がそれを受けて速度を自動的に落とすATC（自動列車制御装置）に近い高度なATSを使用している。また、ATCを採用している私鉄、JR在来線もある。

瀬戸大橋線に置かれているSS形（四国のS形ATSのこと）地上子。手前に2個並んでいるのが速照用、その向こうの信号機直下の地上子は停止信号のとき通り過ぎると非常ブレーキがかかる絶対停止用地上子、その向こうには別の速照地上子がある

上下ホームを斜向かいに配置している駅は多い

通標閉塞の場合、通標の交換は基本的に駅長または駅助役を介して行うが、一般的な相対式ホームでは、まず片方の列車の通標を先頭にある運転席にいる乗務員から受け取って、対向列車の運転席まで歩いていき、対向列車の通標と交換する。そして受け取った新たな通標を最初に受け取った列車の先頭の運転席まで歩いて渡すことになる。

昭和 47 年当時の宮津線はタブレット閉塞だった。天橋立駅で行き違いをする特急「あさしお」４号京都行（右）と急行「丹後」２号豊岡行（左）。「丹後」２号の先頭車（列車の後側）から通標を受け取って「あさしお」に渡すことになるが駅長はまだ「あさしお」の先頭運転席まで来ていない。宮津―天橋立間の通標を「丹後」２号から受け取って、「あさしお」の運転手が持つ岩滝口―天橋立間の通標と交換、その後、これを「丹後」２号に渡すことになる。当時の「丹後」２号は６両編成で 120 mの長さだから、駅長は往復ぶんの 240 mとプラスアルファ、それに構内踏切を通ることから 300m ほどは歩くことになる。このために「丹後」２号は４分停車する。反面「あさしお」４号は通標の交換だけなので 30 秒停車ですんでいる

タブレット閉塞時代の秩父鉄道影森駅。上り電車から通標を受け取り、右側の進入中の下り電車が同駅に停車するとこの通標を渡し、下り電車の通標を上り電車に渡す

駅長は両列車の長さ以上に歩くことになる。通標交換の頻度が高い駅の駅長は1日に10数km も歩くことになってしまう。それだけでなく、通標交換のために停車時間が長くなって無駄な時間を浪費する。

　ホームを斜向かいに配置、すなわち千鳥配置にしていれば上下両列車の先頭の運転席同士がほぼ

養老渓谷駅が行違駅だったとき、上総中野駅―同駅間の通標を上り列車から受け取った駅長が停車中の下り列車に渡すために歩いているところ

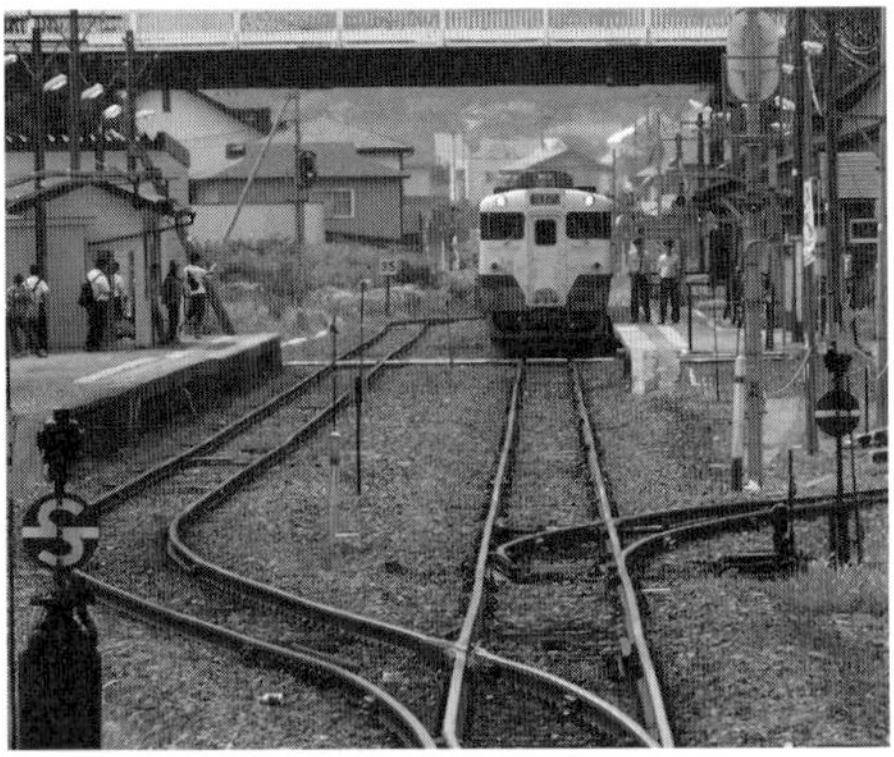

右：上下ホームが斜向かいになっている只見線会津坂下駅

右下：奥羽本線湯沢駅の上下ホームはややずれているのは通標交換時代に歩く距離を短くしていた名残である

下：里見駅で五井行列車から通標を駅長が受け取って発車を見送っている。その後左の上総中野行列車にこの通標を渡す。ホームは斜向かいになっているが、通常とは逆になっているのでかえって歩く距離が増えている。標券閉塞なので通券の授受もすることもあるから右側通行にするのが理想的である。ただし単行列車がほとんどだからそんなに歩くということはない

同じ位置に並ぶことになって通標の交換を素早くできるようになる。用地的に斜向かいにホームを配置するのが難しい駅ではややずらして歩く距離を短くしている。

上下ホームが斜向かいになっていたり、ずれていたりする駅が多いのは、通標交換時代の名残なのである。

通標を使用する方式はスタフ式とタブレット式に大きく分かれる

通標は1閉塞区間には常に一つしかない。それを搭載している列車だけが走ることができる。前述したようにこの方式をスタフ閉塞という。通標が多数あると正面衝突してしまう可能性がある。

とはいえ、一つの通標を受け取った列車が次の交換駅に到着して、対向列車に積み込んで戻ってくるまで、同じ方向に次の列車を走ることができない。

前述の標券閉塞は先頭列車に通券を、最後尾列車に通標を持たせて続行運転ができるようにした。

しかし、この方法では最後尾の列車の通標が対向列車に交換して戻ってくるまで次の列車（群）を走らせることはできないし、対向列車側の続行運転もしにくく効率が悪い。

そこで、1閉塞区間の両端の駅に通標を多数用意させ、対向列車がなくても新しい通標を持たせれば次の列車を走らせることができる。そこで編み出されたのがタブレット閉塞式である。

両端の駅に一対の専用の電話回線と通標閉塞機（タブレット発行機）が設置され、到着した列車から受け取った通標を後方交換駅と連携する電鍵を操作して通標閉塞機に収納する。この時点で通標はなくなり、この閉塞区間にいずれの方向からも列車を走らせることができない。

次に互いの交換駅で電鍵を操作しあいながら、いずれかの通標閉塞機から通標を取り出して所定の列車の運転士に通標を渡す。これによって当該閉塞区間に列車を走らせることができる。つまり、通標は多数あっても列車に搭載できる通標は常に一つだけにして衝突や追突を避けるようにしたのがタブレット閉塞である。

横から見た通標発行機

通標発行機

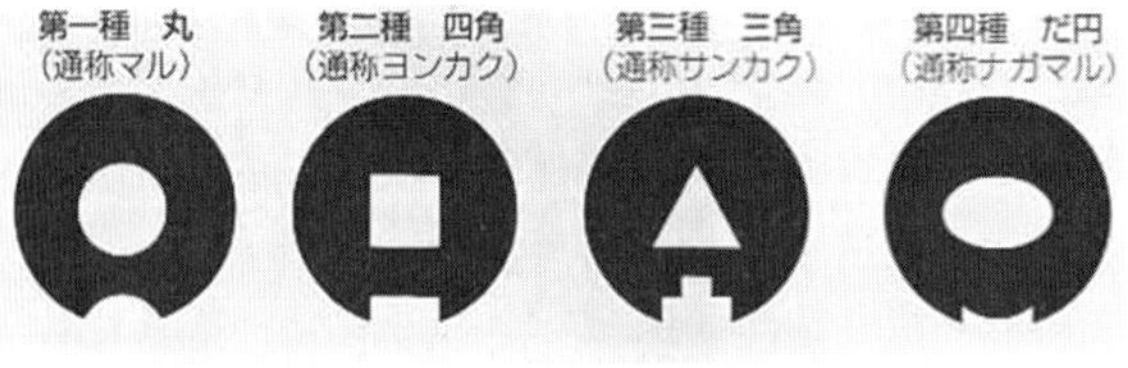

通標の種類

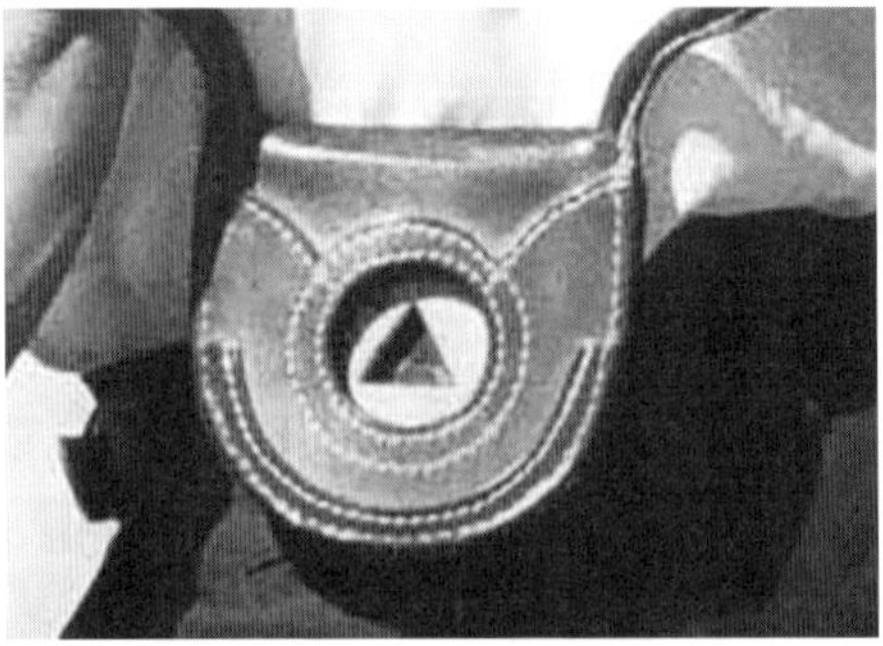
通標ケースに収められた通標の種類がわかるように皮袋に穴があけられている。通標の穴の形状はサンカク

通標は真ん中に穴が開いたメダル状になっている。穴の種類は○（第1種通標）、◇（第2種通標）、△（第3種通標）、楕円（第4種通標）の4種によって4個の閉塞区間に使い分けるのが基本だった。二つの単線路線が交差している駅では4閉塞区間を受け持つことになる。そこで間違いがないように4種の通標を用意し、タブレット発行機はその穴に応じた棒に挿入していく。穴が合わなければ差し込めないことでヒューマンエラーを防いでいる。

タブレット閉塞は安全に多数の続行列車を走らせることができるが、両交換駅に通信回線による電鍵付のタブレット発行機が必要である。それらの保守に手間がかかることでタブレット閉塞はどんどん廃止された。

今でも採用している鉄道は津軽鉄道と由利高原鉄道、くま川鉄道、それに貨物鉄道である衣《きぬ》浦《うら》臨海鉄道である。

しかも全面的にタブレット閉塞を行っているのは衣浦臨海鉄道だけである。津軽鉄道は交換駅の金木《かなぎ》駅を境に五所川原《ごしょがわら》寄り、由利高原鉄道

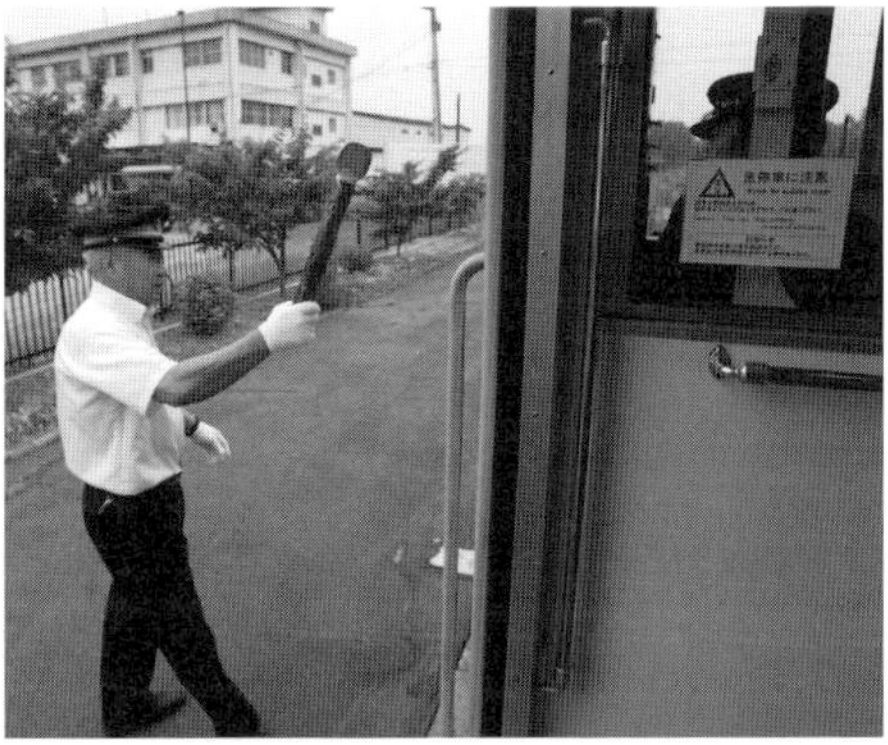

右：津軽鉄道金木—津軽中里間の通標は金棒状になっている。これは同区間がかつて標券閉塞だった。このとき金棒状の通標を通券箱に差し込むことによって通券を発行していた。その名残で現在でもこの通標を使用している
右下：大井川鉄道金谷—新金谷間の通標。通常は新金谷駅に置かれて同区間を走る電車に積み込んでいる
下：大井川鐵道の金谷駅は棒線駅

は前郷《まえごう》駅を境に矢島寄り、くま川鉄道は朝霧《あさぎり》駅を境に人吉《ひとよし》寄りがタブレット閉塞で、これら路線の残りの区間はスタフ閉塞である。

通標一つだけで運用するスタフ閉塞を採用している路線は多数ある。小湊鉄道の里見―上総《かずさ》中野《なかの》間、銚子電気鉄道の笠上黒生―外川《とがわ》間、関東鉄道竜ケ崎線は全線を1閉塞のスタフ閉塞にしている。さらに長良川鉄道の美濃《みの》白鳥《しろとり》―北濃《ほくのう》間、信楽《しがらき》高原鐵道全線など、多くは終端の閉塞区間をスタフ式にしている。

その反対に起点側の閉塞区間をスタフ閉塞にしているのが由利高原鉄道と大井川鐵道それに前述した北条鉄道である。由利高原鉄道は矢島駅に車庫があるので、続いて出庫する列車のためにタブレット閉塞が必要になる。ＪＲ羽越本線と接続している起点の羽後《うご》本荘《ほんじょう》駅寄りはその必要がないのでスタフ閉塞にしている。大井川鐵道は新金谷《しんかなや》駅に機関区と車庫があり、多くの人々が乗りたがる蒸機列車は新金谷駅を始発駅にしている。金谷―新金谷間は電車だけが直通運転しているだけなのでスタフ閉塞で充分間に合うのである。

標券閉塞を採用しているのは小湊鉄道の上総牛久―里見間と銚子電気鉄道の仲の町―笠上黒生間である。小湊鉄道は上総牛久―上総中野間をいったん1閉塞によるスタフ閉塞にしたが、1閉塞区間が22・7㎞とあまりにも長くて最小運転間隔は1時間30分になってしまう。その後、上総牛久―里見間に特別支援学校ができたり、高滝湖や養老渓谷などへの行楽利用客の増加などがあったりして増発する必要があって、里見駅の交換設備を復活して上総牛久―里見間を標券閉塞にした。通学時などに増発のために里見駅で行き違いをするときに先行列車に通券を、後続列車に通標を持たせ、先行列車が戻ってきて里見駅で通標を交換する。北条鉄道と同じやりかたの標券閉塞である。これによって観光列車「房総里山トロッコ列車」の運転を可能にした。

銚子電気鉄道の標券閉塞区間でも同じ方法による標券閉塞方式である。なお銚子電気鉄道の銚子—仲の町間と小湊鉄道の五井—上総牛久間は自動閉塞を採用している。

通過列車の通標の受け渡し方法

特急や急行が各行違駅で通標を交換するために一々停車していては、時間がかかって速達列車としての意味がなくなってしまう。そこで各行違駅の入口のホー

左側のホームの端に先端が白くて丸いものがあり、その下は床面まで螺旋状になっている。比較的高速で通標を引っ掛けることができる

久美浜駅を通過する特急「あさしお」の運転士が通標を通標受柱に引掛けようとしているところ

ムに通標受柱を設置、出口に通標受器を置くようにしている。

列車は走行しながらまずは通標受柱に走ってきた区間の通標を引っ掛ける。そして通標受器に置かれているこれから走る先の通標を受け取る。

この一連の作業を駅長などがホームで見守って、通標の授受に失敗したときにただちに停止合図をして列車を停めるようにしている。

通標の授受には停車はしないものの減速しなければならないから、やはりスピードダウンになる。

そこで前述したように自動信号機の普及をするようになって、通標閉塞方式は一部のローカル私鉄以外は自動閉塞化された。

安全側線で冒進事故を防いでいる

速度照査（以下速照）ＡＴＳがない場合、自動閉塞であっても駅に停まり切れず冒進して単線になるポイントを越えてしまう可能性がある。そうなると対向列車と正面衝突してしまう。

そこで考えられたのが安全側線《あんぜんそくせん》である。安全側線は列車停止位置の先に設置している短い線路のことである。列車が進入するときには出発信号機を停止現示にするとともに、ポイントは安全側線側に入るように転換させる。

そうすると列車が冒進してしまっても安全側線に進入するので、前方の本線路に進入することはない。

安全側線は多くの単線路線の行違駅に設置されている。とくに運転本数が多い路線に設置されている。しかし、運転本数がさほど多くない路線や、行き違い線路が長い駅では設置されていない駅もある。また、速照用ＡＴＳが備えられた単線路線でも設置されていないところもある。

安全側線は単線の行違駅だけにあるわけではなく、複線であって追越駅の待避線に設置されているところもある。たとえば京浜急行の南太田駅の待避線の先に設置されている。京浜急行の普通や回送は高速で駅に進入して一気にブレーキをかけてホームに停車する。冒進してしまう恐れがあることから安全側線が設置されている。

小浜線美浜駅上り線の安全側線

紀勢本線川添駅の安全側線は直線でなく本線とやや斜めに線路が伸びている。これが一般的な安全側線の配置方法である。ただし同駅の安全側線のポイントは乗り上げ式になっており、これは少数派だが本線側にはレールの隙間がないので通過する列車は乗り心地が良い

京急南太田駅の安全側線

南太田駅は新幹線の駅と同様に待避する停車線と追い越していく通過線がある片面ホーム２面４線の配線になっている。同様な配線になっている阪急六甲駅では直通していた山陽電鉄の電車が冒進して本線に進入、そのとき特急が通過して衝突するという事故が起こったことがあった。安全側線があれば起こらなかった事故である。

新幹線には安全側線はない。開通初期に大阪の鳥飼《とりかい》基地からの回送列車が入出庫線で停止すべき位置から冒進して本線に入ったことがあった。幸いにして本線を走行する電車がなかったので事故は起こらなかったが、国鉄は深刻な事態として受け止め、何らかの対策をしなければならなくなった。

やはり新幹線にも安全側線が必要という意見もあつたが、新幹線では２段階あった停止信号に加えて、さらに絶対停止信号を発するＱ点を設け３段階にして冒進事故を防ぐようにした。

この事故の前はＡＴＣによって１６０信号（時速１６０㎞に落す信号）、１１０信号、70信号と１閉塞区間ごとに速度を落とし、駅構内のＢ点て30信号を受けて、運転士は確認扱いをする。そうするとブレーキが緩む。確認扱を失念してしまうとそのまま停止してしまう。確認扱い後は運転士による手動のブレーキ操作で所定の停止位置に停まる。停止位置を越えてしまうと停止信号（O_1）を受けて停止する。それでも止まらずに停止限界位置を越えると無信号区間（O_2）があって非常ブレーキがかかる。無信号区間ではＡＴＣの信号を受信できない。ＡＴＣが故障すると無信号になる。このようなときは停止させるようになっている。

なお、駅間ではＡＴＣによって同様に１１０信号まで順に速度を落とし70信号を飛ばして30信号で30㎞に落され確認扱いをする。確認扱いをしないと停止する。確認扱いをしたときでは、そのまま進めるが、閉塞区間の境界の手前１５０ｍの位置にＰ点があって、ここで停止信号（0_1）を受けて境界の手前で停止させる。

冒進事故後、駅に停車する場合において、無信号の0_2区間の手前の停止限界位置の先にＱ点を設置して軌道回路を使用しないループ回路による絶対停止信号（0_3）を発して直ちに非常ブレーキかかるようにした。Ｑ点は駅の停止限界位置前方だけでなく、車止めの終端やポイントの手前にも設置するようにして冒進事故を防ぐようにした。

その後、東海道・山陽新幹線では２７０信号、２３０信号が加えられ、１６０信号は１７０信号、１１０信号は１２０信号に変更されている。さらに現在はデジタルＡＴＣになったものの、30信号以下は同じ方法による停止動作をするようにしている

しかし、保守基地と新幹線本線の間の出入線には安全側線が設置されている。保守車両にはＡＴＣ車上子を搭載していない。さらに保守車

右：東海道新幹線京都駅のループ回路で構成されているＱ点
右下：東北新幹線一ノ関保守基地の本線との出入線にある安全側線
下：神戸電鉄青線志染駅にある２対の脱線ポイント。左側は進行できる向きに、右側は脱線する向きになっている。両方とも乗り上げポイントなので乗り心地をよくしている

両の車輪は絶縁されており、左右のレールに流している信号電流を短絡することもできないようにしている。そうでないと保守車両が自由に線路を走り回れないからである。

先ほどの北条鉄道と粟生駅で連絡している神戸電鉄三木《みき》線の行違駅には安全側線ではなく、脱線ポイントが設置されている。電車が冒進した場合、脱線させて本線路に進入できないようにするものである。脱線ポイントは安全側線よりもスペースをとらなくてすむというメリットがある。

なお、神戸電鉄は速度照査可能なATSを採用しているので、脱線ポイントがなくてもいいのだが、念には念を入れて設置している。

第2章 単線路線は決してローカル鉄道だけにあるわけではない

ネットダイヤとは

単線路線では列車の行き違いを当然ながら駅または信号場で行う。信号場とは旅客や貨物の営業を取り扱わないポイントなどがある場所のことである。複線から単線になる場所、単線路線で行き違いをするだけの設備がある場所、二つの路線が分岐する場所で旅客や貨物の扱いがないところなどを信号場という。そして信号場も停車場の一つである。

列車ダイヤを見ると、運転本数が少ない路線や距離が短い路線では単純な列車ダイヤ、俗にいうスジが描かれているだけだが、運転本数が多い路線の列車ダイヤを見ると上下列車が多数行き交ってネット状に見える。このことからネットダイヤといわれる。

ＪＲの地方幹線路線では特急や快速が普通とともに走り、完全なネットダイヤになっていないが、都市近郊の中小私鉄では完全なネットダイヤにしているところがある。

7分30秒ごとのネットダイヤを組んでいる湘南モノレール

そのなかで顕著なのはほぼ終日7分30秒ごとにしている湘南モノレールである。湘南モノレールの行き違い駅は富士見町、湘南深沢、西鎌倉、目白山《めじろやま》下《した》の4駅である。うち富士見町―湘南深沢間に湘南町屋《しょうなんまちや》駅、西鎌倉―目白山下間に片瀬山駅がある。両区間では途中で1駅に停車することになる。各駅

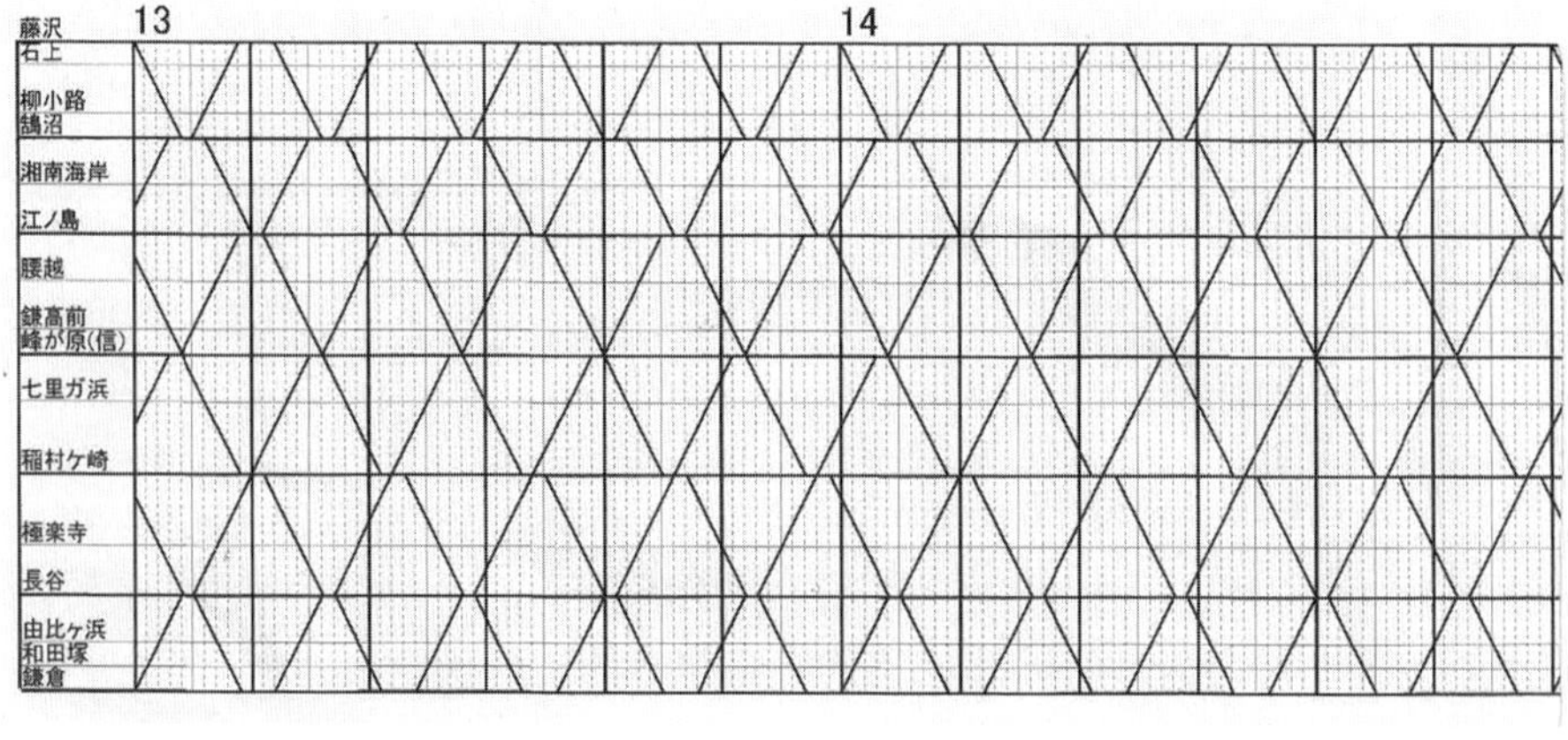

江ノ島電鉄の12分ごとの運転時代のネットダイヤ

の停車時間を20秒とすると、これらの行違駅間での一駅間の所要時間は1分30秒程度にする必要があるが、加速がいい車両を使っているので充分余裕がある。

起終点の大船、湘南江の島駅は乗降ホームを分離したホーム2面1線である。大船―湘南深沢間は2分程度の所要時間だから大船駅での折り返し時間は3分程度になるが、目白山下―湘南江の島間は1分程度にすぎないので湘南江の島駅での折り返し時間は5分程度と大船駅よりも2分程度時間に余裕があり、少しばかり遅れても回復できる。

大きなトラブルが起こらない限り単線であっても、うまく行違駅を配置しさえすれば7分30秒ごとの運転は充分可能であることを湘南モノレールは証明している。

かつて湘南モノレールは朝夕ラッシュ時には非常に混雑していた。そのときでも7分30秒ごとのネットダイヤを組んでいて遅れはさほどなかった。現在は、沿線の住宅地が少子高齢化で通勤通学客が減少して朝夕ラッシュ時もさほど

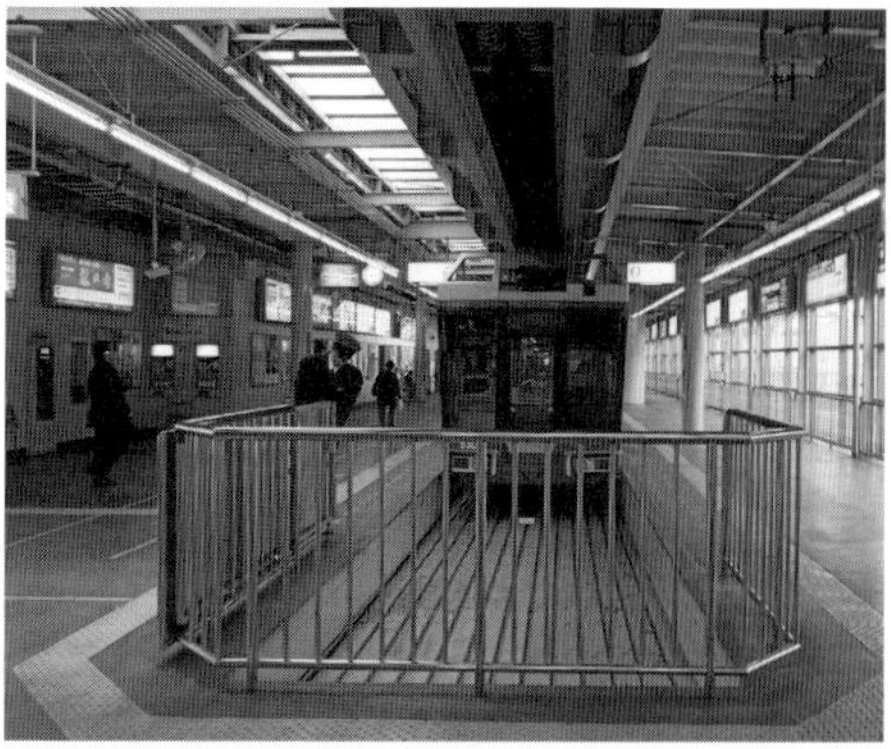

右：湘南モノレール大船駅は乗降分離の相対式ホーム２面１線の棒線駅
右下：行き違い駅の富士見町駅
下：湘南江の島駅も相対式ホーム２面１線

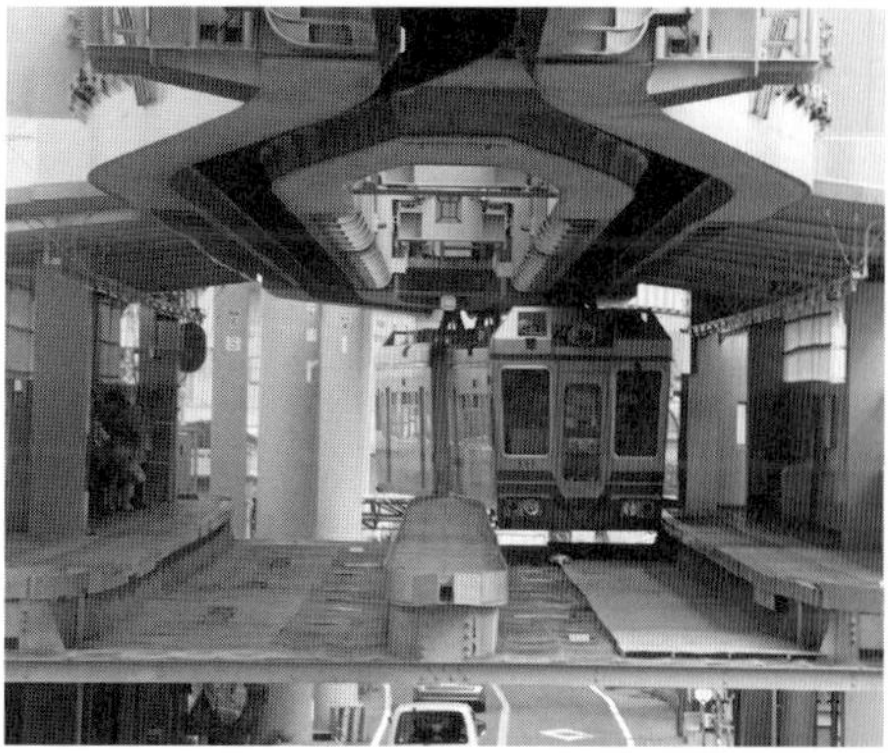

混まなくなっている。

江ノ島電鉄は12分ごとから14分ごとに運転間隔を伸ばした

江ノ島電鉄も完全なネットダイヤになっているが、令和5年春に12分ごとから14分ごとに変更した。

行違駅は鵠沼《くげぬま》、江ノ島、稲村ケ《いなむらが》崎《さき》、長谷《はせ》の4駅だが、江ノ島―稲村ケ崎間は距離が長いために峰《みね》が原《はら》信号場を鎌倉高校前―七里《しちり》ガ《が》浜《はま》間に設置している。

各行違駅（信号場も含む）間には1、2か所の駅が置かれ、12分ごとの運転のときは所要時間は5分程度にしていた。各駅の停車時間は20秒程度だが、行違駅では上下電車のいずれか、または片方が1、2分程度停車して行き違い待ちをする。

12分ごとだと毎時の発車時間を同じにすることができて利用客にとって覚えやすい。なんらかのトラブルで少し遅れたとしても行き違い待ちで1、2分程度余裕の時間をとっているためにダイヤの混乱の発生は少なかった。

朝ラッシュ時には通学生が多く利用して満員になる。鎌倉高校前駅などで乗降に手間取ったとしても江ノ島駅や峰が原信号場などで遅れを取り戻すことができていた。

しかし、行楽シーズンでは乗客が殺到して各電車は首都圏の通勤電車を上回る混雑率200％を超える状態になってし

江ノ島電鉄鎌倉高校前駅近くの踏切で写真を撮る人々。インバウンドの人々が多くて警報が鳴っても踏切内に立ち入ることもあり、これも遅れのもとになる

まう。そうなると乗降に時間がかかって1、2分程度の余裕時間では遅れを吸収できず、運転間隔が伸びてしまい、ますます混雑が激しくなる事態になってきた。

両端の藤沢—鵠沼間と長谷—鎌倉間の所要時間は4分余り、往復で9分程度の所要時間になるので折り返し時間は3分程度になる。藤沢駅は櫛形ホーム2面1線なので、遅れたときは1分そこそこで折り返すこともある。鎌倉駅は藤沢駅よりも乗降客は多い。このため櫛形ホーム2面2線になっている。

通常は両側にホームがある3番（乗車用）、4番（降車用）の二つのホームに囲まれた1番線から発着するが、行楽シーズンに5番乗り場に面した2番線も使って、交互に発着する。このため折返電車は15分ほど停車して遅れの回復に役立てている。

こういったことで12分ごとの運転ができていたが、行楽客の増加で各駅での停車時分が増加してダイヤの遅延が日常的に発生するようになり、さらに腰越付近の道路併用区間でのクルマの渋滞のための遅延もあって14分ごとに変更した。

14分ごとにすることによって各行違駅間の所要時間を6分程度になる。余裕を持ったダイヤにすることが

行楽期の休日の江ノ島電鉄鎌倉駅は非常に混雑する

でき、遅延時の回復もできるようになった。

運転間隔が伸びたからといって運用本数が減ることはない。各行違駅間の所要時間が長くなったことで全線の所要時間も延びてしまったから運用本数は変わっていない。それなのに輸送力は落ちてしまっている。

さらに発車時分は毎時ごとに異なってしまって覚えにくくなった。平日はさほど行楽客が多くなくこれで輸送しきれる。しかし、土休日は運転間隔が2分伸びたことで、そのぶん乗客が増えてしまい混雑を助長することになった。

混雑緩和をするには半分座席を撤去して収容力を増やすしかないが、これだと大いにサービスダウンになってしまう。土休日の江ノ島電鉄沿線は完全にオーバーステイ状態になっている。

本来なら編成両数を4両から5両、さらには6両にする必要がある。しかし、腰越付近の路面区間があることから編成長に制限があるとともに、各行違駅の有効長を伸ばす必要もある。

併用軌道区間は歩行者専用のトランジットモールにすることで6両編成の運転は可能だろう。

右：鎌倉駅の発着線は2線になっている。速照ATSの地上子が多数並べられている
右下：島式ホーム1面2線の稲村ケ崎駅
下：行き違い用の峯ヶ原信号場

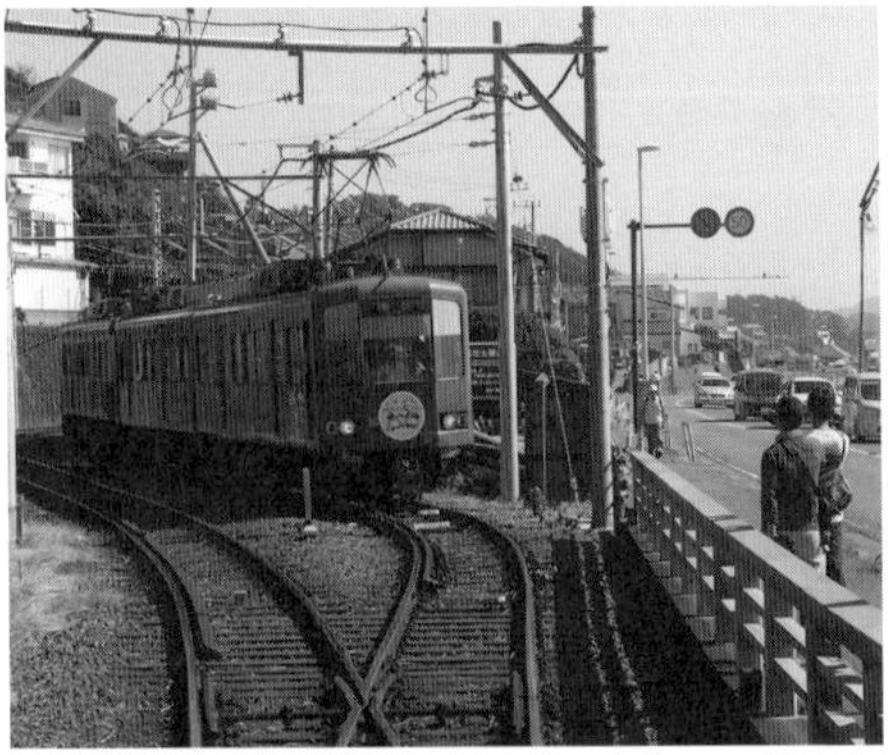

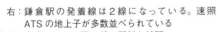

この場合、併用区間の道路に面した住民のクルマ等だけは走行可にする。とはいえ、トランジットモールにすると周辺の道路は混雑するからクルマ利用者からの不満も出る。

周辺の人々のコンセンサスをとり、6両編成の高加減速車両にすべて置き換えて駅間走行時間を短縮、これによって再び12分ごとの運転に戻すのがよいといえる。

等間隔ネットダイヤを組んでいる単線の私鉄は結構ある

小田原駅から出ている伊豆箱根鉄道大雄山《だいゆうざん》線や静岡の浜松から出ている遠州鉄道が12分

腰越—江ノ島間の併用軌道の道幅は狭い。トランジットモールにするのが適当だと思われる

藤沢駅は乗降分離の2面1線

トランジットモールの中を走るフランス・ニースの路面電車。編成を長くでき、高加減速車でもある

富山駅電停に停車中の岩瀬浜行。高架になったJR・あいの風とやま鉄道の下に富山地方鉄道の富山駅電停がある

大雄山駅を発車した小田原行

伊予鉄道横河原線見奈良駅で行き違いをする上下電車

遠州鉄道新浜松駅

福島交通飯坂線泉―上松川間を走る福島行

豊橋鉄道新豊橋駅

ごとのネットダイヤを組んでいる。愛知県の豊橋鉄道と四国の伊予鉄道の鉄道線各線は15分ごと、富山地方鉄道富山港線では朝夕ラッシュ時10分、その他の時間15分ごと、福島交通は朝夕ラッシュ時15分ごと、昼間時25分ごとにしている。千葉の流鉄流山線は朝ラッシュ時13分ごと、昼間時20分ごと、夕ラッシュ時15分ごとにしている。流山線の行違駅は小金城趾駅たけしかないために運転間隔の調整はしやすい。

30分ごとのネットダイヤにしている私鉄もある。北陸鉄道浅野川線、上毛電気鉄道などである。高松琴平電鉄琴平線は高松築港―一宮間は昼間時15分ごと、以遠30分ごとにしている。長尾線と志度線は24分ごとにしてラッシュ時には12分ごとにしている。

東北の弘南鉄道弘南線と大鰐線、北陸鉄道石川線はかつて30分ごとだったが、乗客の減少で1時間ごとにしてしまった。これではますます乗客が減ってしまう。

利用しやすいのは15分ごと以下であり、今まで取り上げた15分ごと以下のネットダイヤを組

右：流鉄流山線で唯一の行違駅の小金城趾駅
右下：上毛電鉄赤城駅で行き違いをする上下電車
下：北陸鉄道浅野川線の三ツ屋駅は行違駅

弘南鉄道弘南線義塾高校前駅に進入する大鰐行

高松琴平電鉄琴平駅

弘南鉄道弘南線田舎館駅

琴電志度線塩屋—房前間を走る瓦町行

終端側から見た北陸鉄道石川線鶴来駅には車庫がある。同駅から加賀一の宮駅までが廃止されたために中間駅の雰囲気が残っている

琴電長尾駅に停車中の高松築港行

んでいる単線私鉄路線は利用度が高く賑わっている。

等間隔のネットダイヤに組んでいない伊豆箱根鉄道駿豆線と箱根登山鉄道

伊豆箱根鉄道の大雄山線は12分ごとの等間隔ネットダイヤになっているが、駿豆《すんず》線では等間隔のネットダイヤにはなっていない。運転本数は朝ラッシュ時上りで10分から12分、昼間時は13分から22分、なかには28分間隔とバラツキがある。

バラツキの一つの要因として東京発着の特急「踊り子」が1日2往復乗り入れているこ

伊豆箱根鉄道大場駅は上下行違線のほかに行止り折返用の３番線（右）がある。三島寄りに車庫（大場電車工場）があり入出庫電車は３番線で発着する

田京駅は JR 形配線になっているが、右側の線路は通常時には発着しない。１番線（左）が直線の１線スルー駅である

原木駅も左側の線路は使われていない。行き違いをするときは上下電車とも進入側が直線になるような配線にしている

とがあるが、乗り入れている時間帯だけで乱れても他の時間帯では等間隔ダイヤにするほうがいい。

駿豆線の行違駅は多い。三島田町、大場《だいば》、伊豆仁田、原木《ばらき》、韮山《にらやま》、伊豆長岡、田京《たきょう》、大仁《おおひと》、牧之郷《まきのごう》とあり、ないのは三島広小路と三島二日市の2駅だけである。しかも三島田町駅と伊豆長岡駅は待避追い越し可能なJR形配線（島式ホームと片面ホーム各1面と3線）になっており、現在は副本線を休止しているJR形配線の駅として原木、田京の2駅がある。

これだけ行違駅があれば昼間時に15分ごとの等間隔ネットダイヤにすることはさほど難しくない。特急が乗り入れていてもJR形配線の駅も多数あることから特急が走る時間帯でもさほど等間隔ダイヤを乱すこともない。

閑散時の行き違いは基本的に三島田町、伊豆仁田、伊豆長岡、大仁の4駅で行っている。これによって16分ごとの等間隔ネットダイヤにしている時間帯があるが、特急との行き違いをするためにばらついてしまっている。

15分ごとのわかりやすいネットダイヤにするには、余裕時間を考慮すると運用本数が5本になる。現在は4本で回しているから1本増えてしまって運転経費がかかる。

もう一つの方法として、加速性能を上げて現在の行違駅でも15分等間隔ネットダイヤにすることである。これも費用がかかるが、運用本数増にくらべると運用費は安価になる。将来的には車両の老朽化で置き換えが必要になる。そのときには加速がよくて省エネの車両を採用して15分等間隔ネットダイヤにすることで利用しやすいダイヤになる。

箱根登山鉄道も等間隔ダイヤになっていない。箱根登山鉄道は小田原―箱根湯本間が狭軌線で小田急ロマンスカーが直通し、普通電車は小田急の一般車両を借り入れて運行している。箱根湯本《はこねゆもと》―強羅《ごうら》間は標準軌の山岳線で独自の急勾配に強い電車を走らせている。ただし標準軌車両の車庫が狭軌線区間にある入生《いりゅう》田《だ》駅に隣接しているために、標準軌車両が回送で走ることができるように標準軌・狭軌併用の3線軌になっている。

乗り入れているロマンスカーは新宿発で毎時0分、20分が基本の発車パターンになっているが、途中の停車駅は各ロマンスカーで異なるため、小田原駅発車時点では発車時間が微妙にずれている。このため普通電車もわかりやすいダイヤになっていない。

箱根湯本以遠の標準軌区間では、彫刻の森駅を除いて行き違いが可能である。さらに行き違い用の信号場が出山《でやま》、上大平台、仙人台《せんにんだい》の3か所がある。このうち出山、上大平台の両信号場と大平台駅はスイッチバック駅でもある。

これだけ多数の行違い駅や信号場があるのに等間隔ダイヤにしていない。そのため20分以上間隔が開くことがざらで、そんな場合には後続電車は混雑している。

やはり乗りやすい等間隔ダイヤにしてもらいたいものである。

右：箱根登山鉄道塔ノ沢駅の前後のトンネルを広げて３両編成が停車できるようにした
右下：スイッチバック駅の出山信号場
下：宮ノ下駅は進入側が直線にするスプリングポイントで振り分けている。通過直後の電車から写したためにトングレールは、まだ直線側に戻っていない。また箱根湯本駅に向かう上り電車が冒進して下り急勾配に入らないように安全側線が上り箱根湯本寄りにだけ設置されている

優等列車がたくさん走るようになると優等列車自体のスピードが遅くなる

伊豆箱根鉄道駿豆線にはJR特急「踊り子」が直通している。これによって等間隔ダイヤにしにくい面があるのは当然だが、特急など優等列車が頻繁に走ると優等列車自体が行き違い待ちのために遅くなる。

伊豆箱根鉄道駿豆線のお隣にある伊豆急行にはJRの特急「踊り子」や「サフィール踊り子」が頻繁に乗り入れている。伊豆急線内の停車駅は伊豆高原、伊豆熱川《あたがわ》、伊豆《いず》稲取《いなとり》、河津《かわづ》の4駅である。伊豆急線の中間駅は14駅あるから10駅通過する。

伊豆稲取駅を発車した「サフィール踊り子」伊豆急下田行

臨時電車ロイヤルイクスプレス

伊豆熱川駅に進入する踊り子号

伊豆急線の最高速度は90㎞で、このくらいの速度では1駅通過で45秒から1分程度速くなるとされる。だから10駅通過すると10分近く短縮することになるが、そうはなっていない。普通の所要時間は1時間1分（伊東初発電車）である。「踊り子」3号の所要時間は59分、7号は54分、「サフィール踊り子」1号は52分、「踊り子」13号は59分、「サフィール踊り子」3号は65分、「踊り子」15号は59分と普通とそんなに変わらないどころか「サフィール踊り子」3号は伊東初発の普通よりも遅い。

もっとも昼間時の普通は1時間10分から20分程度かかっている。ようするに行き違い待ちを何度もするからである。速く走ったとしても行違駅で長時間行き違い待ちをしたり、停車駅でもない駅で行き違い待ちのために停車したりする。停車駅でもない駅で行き違い待ちをするために停車することを運転停車という。

「サフィール踊り子」3号は伊東駅で9分停車し上り普通をやり過ごす。川奈駅で運転停車して上り特急と普通をやり過ごす、さらに伊豆高原駅でも上り特急と同駅発普通、伊豆熱川駅で上り不定期特急、伊豆稲取駅で上り普通と行き違う。伊豆熱川駅と伊豆稲取駅では行き違い待ちの時間はさほどない。しかし次の河津駅では上り特急「踊り子」16号との行き違い待ち時間は長い。蓮台寺《れんだいじ》駅では上り不定期特急と行き違うが通過して行き違うので運転停車はない。

それにしても行き違い待ちに時間をかけてしまい遅くなる。これが単線路線の弱点である。

部分複線化をして単線路線の弱点を防いでいる路線も多い

秋田新幹線は田沢湖《たざわこ》線全線、奥羽本線の大曲《おおまがり》―秋田間を標準軌化して新幹線電車が直通する。このため法規上は在来線である。ただし高速化して最高速度は１３０㎞になっている。

そうはいっても田沢湖線は全線単線である。奥羽本線大曲—秋田間はもともと複線だったが元上り線を標準軌化して秋田新幹線電車を走らせ、元下り線は狭軌線のままにして在来線電車が走る。両方とも単線にして運行されている。

ただし神宮寺《じんぐうじ》の大曲寄りから刈和野《かりわの》駅の秋田寄りまでの下り狭軌線は標準軌併用の3線軌にして秋田新幹線の下り電車が走り、秋田新幹線としてみればこの区間は複線になっている。

単線区間の大半は行き違い駅であり、さらに赤湯—田沢湖間の山越え区間には大地沢《おおちさわ》と志度内《しどない》の二つの信号場がある。

秋田新幹線電車「こまち」はこれら行違駅で頻繁に運転停車をする。上下の「こまち」同士の運転停車による行き違いも多い。

通常はいずれかが運転停車して、対行する列車は通過していくが、積雪地帯なので軌道短絡を確実にするために上下電車とも一旦停止をする。積雪がない期間であってもこれを行っている。ただでさえ山越えで時間がかかるのに、行

右：仙岩峠越え区間にある志度内信号場に進入する「こまち」

右下：奥羽本線大張野付近では奥羽本線の旧上り線を標準軌の単線路線にして秋田新幹線電車が走り、旧下り線は狭軌のままにして奥羽本線電車が単線運転で走る

下：奥羽本線神宮寺—刈和野間の奥羽本線電車が走る本線は3線軌にして下り「こまち」が走る。神宮寺駅で上り奥羽本線の電車と行き違えるように狭軌の中線が置かれ、3線軌になっている元下り本線の狭軌線側とつながっている

き違いをするときも通常よりも時間がかかる。

通常期はこのような行き違いをなるべく避けているが、繁忙期に臨時電車が増発する必要があるので、多くの「こまち」が運転停車による行き違い待ちをする。このため定期列車も繁忙期には通常よりも時間がかかっている。

大曲駅から秋田寄りの奥羽本線ではなるべく複線になっている区間ですれ違うようにしているので、繁忙期でも行き違いによる所要時間の伸びることが少ない。

羽越本線の坂町―秋田間では単線区間と複線区間を交互に配置するようにしている。上下列車のすれ違いは、なるべく複線区間でするようにして行き違い待ちの時間ロスを減らしている。

羽越本線はもともと単線だったのを国鉄が複線化を進めたが、予算を軽減するために部分的に複線化をして、それでいて全線複線にしたのと同じ効果を得るようにしたのである。

スイッチバック駅は行き違いをするためにある

箱根登山鉄道のように山を登る鉄道にはスイッチバック駅が多い。列車は急勾配のところで一度停車してしまうと発車できなくなってしまう。これは主に蒸気機関車牽引の列車がそうで、電車やディーゼルカー（気動車）では35‰の上り勾配であっても平気で発車できる。リニアモーター式のミニ地下鉄では50‰程度でも平気で発進できている。

箱根登山鉄道は80‰の勾配がある。そうなるといったん停車すると再発進は難しくなる。そこで平坦なところに駅や信号場を設置して、そこで発進して勢いをつけて急勾配に入って登っていけるようにしている。

蒸気機関車列車でも同様だが、電車と違って馬力がなく坂に弱いから勢いをつけるために平坦な区間を長くしなければならない。そこでもっと長い距離が必要になることから、ホームが設置されている停車用の区間（停車線）とそれよりも長い加速用の区間（折返線）を設けて2回方向を変えて駅構内が長くならないようにするとともに進行方向が変わらないようにするのが基本的なスイッチバック駅である。

箱根登山鉄道は停車線と折返線をまとめて一つにしているので、スイッチバック駅や信号場を通ると進行方向が変わる。しかも3か所の駅と信号場を通るので、箱根湯本駅で先頭だった車両は強羅駅に到着するときは最後方車両になる。

富山の立山には国土交通省の治山用の物資を運ぶ立山砂防軌道というまさしくトロッコ列車が走る業務用の鉄道（軌道）がある。同軌道には千寿《せんじゅ》、桑谷、妙寿《みょうじゅ》、鬼ケ城《おにがしろ》、七郎《しちろう》、クズ、サブ谷、樺平《かんばだいら》の八つのスイッチバック信号場がある。

右：立山砂防軌道の鬼ヶ城スイッチバック。鬼が城連絡所の資材積卸線から見る。列車はまっすぐ進んで１段目の折返線でスイッチバック、右奥に２段目の折返線がある
右下：１段目でスイッチバックして２段目の折返線に向かうところ。左下に鬼が城連絡所が見える
下：18段ある樺平スイッチバック。大きすぎて全体を見渡すことはできない

多くは2段スイッチバック信号場だが、千寿信号場と七郎信号場は4段、樺平信号場は18段にもなっている。すべて偶数段にして進行方向を変えない。これによって多く走る機関車列車は常に機関車が先頭になるようしている。

芸備線の出雲《いずも》坂根《さかね》駅と豊肥本線の立野駅は3段スイッチバック駅と呼ばれることがある。しかし、実際には停車線と折返線がある標準的なスイッチバック駅である。違うのは折返線が停車線と離れているので3段に見えてしまうからである。しかし、他のスイッチバック駅と同様に進行方向を変えるのは2回、だから2段である。

左下が出雲坂根駅。左上の森の中を２回スイッチバックした木次線があり、左から右のほうの備後落合方面へ登っていく

備後落合駅からスイッチバックして折返線を通っている列車から見る。折返線が長くて出雲板根駅が見えない

出雲坂根駅から宍道方面（左）と備後落合方面への折返線（右）を見る

何度も言うが通常の山岳線のスイッチバック駅は2回方向を変えるにとどめて進行方向が変わらないようにしている。だから3段スイッチバック駅はありえないのである。

四国の土讃線の坪尻《つぼじり》駅と新改《しんがい》駅も標準的なスイッチバック駅だが、停車線と折返線との間には通過できる線路を設置して、同駅に停車しない列車は停車線と折返線を経ないでそのまま通過してしまう。しかも特急だけでなく普通列車の多くも通過している。

スイッチバックするのはここで他の列車と行き違う普通列車だけである。もともと山岳線のスイッチバック駅の多くは行き違いをするために設置されている。その必要がない特急列車などは優先して走らせるために通過用の線路を設置してスイッチバックしないで行き過ぎていく。

篠ノ井線の姨捨《おばすて》駅もそうである。特急「しなの」は駅に立ち寄らず、そのまま通過していく。

篠ノ井線にはスイッチバック構造の桑ノ原信号場もあり、他の列車と行違うときに上下いずれかの普通列車だけが二つの折返線に入ってスイッ

右：左の停車線に普通が停車している間に右下の特急「しなの」が通過していく
右下：右が停車線で左上奥が折返線。左下から奥へ進む線路が通過線。折返線に普通が停車してスイッチバックして停車線に入る。停車線と折返線は水平になっている
下：左奥へ進む線路が停車線で水平。特急「しなの」名古屋行が上り勾配の通過線を通っている

チバックをする。

スルー構造のスイッチバック駅がある一方、肥薩線の大畑《おこば》駅と真幸《まさち》駅は通過できる配線にはなっておらず、全列車がスイッチバックをする。先述の出雲坂根駅や立野駅もそうである。

単線私鉄の分岐駅

島根県の一畑電車は一畑口駅がスイッチバック駅になっている。これは同駅から一畑駅までまっすぐ進む路線があったのを廃止したためである。廃止当時の一畑口駅の駅名は小境灘《こざかいなだ》だった。廃止後に一畑口に改称した。

一畑電車には電鉄出雲市―松江しんじ湖温泉間の北松江線と川跡《かわと》―出雲大社前間の大社線があり、川跡駅で両線は接続している。

通常は北松江線を通し運転をする上下の電車が行き違い、このとき川跡発出雲大社行電車が発車していく。出雲大社行電車に乗り換えるには構内踏切を通らなくてはならないので少々面倒だが、うまく考えられたダイヤになっている。

右：停車線に停車している高松行普通からみる。高知方面の普通が通過している。左奥は折返線
右下：大畑駅。右下の線路が人吉方、その隣は折返線、左上が吉松方
下：2回スイッチバックをして大分方面にに向かう列車から見た立野駅（右上）、左端は折返線。長い折返線になっている

ときおり、出雲大社前発松江しんじ湖温泉行の電車が走る。このときには松江しんじ湖温泉発電鉄出雲市行電車と接続する。また休日には電鉄出雲市―出雲大社前間の特急が4往復半運転される。このときも松江しんじ湖温泉発着の電車と接続でする。

それが可能なように島式ホーム2面4線の線路配置になっている。ただし北端の4番線は通常は使用しない。

現在、2路線以上がある単線ローカル私鉄はあまりないが、かつてはいろいろなところで2路線以上の路線が接続していた。しかも一畑電車のように上下電車の行き違いとそこ

左から出雲大社行元京王 5000 系、松江しんじ湖温泉行元南海 21000 系、電鉄出雲市行元京王 5000 系

加南線河南駅は中央に山代線電車、右側に大聖寺行（くたに号）、左側に山中行が停車して乗り換えがしやすかった

山中温泉ゆけむり健康村に保存されているしらさぎ号

から分かれる支線の電車が同時に行われるようにしている私鉄が多かった。

北陸鉄道の加南線は大聖寺《だいしょうじ》―山中間と河南《かわみなみ》―新動橋《しんいぶりばし》間の二つに分かれていた。前者の区間を山中線、後者の区間を山代線とも呼ばれていた。

山中線と山代線が接続する河南駅は島式ホーム2面3線で両方の島式ホームに挟まれた真ん中の線路が山代線電車の発着線だった。山代線電車は両側の扉を開けて停車していた。両外側の線路は山中線の上下電車が行き違いをしていた。一畑電車の川跡駅と同様な接続方法をとっていたが、違うのは同じホームの対面で乗り換えることができたことである。

これを昼間時に1時間ごとに行っていてわかりやすくて利用しやすかった。しかし、国鉄特急の大聖寺駅の停車がなくなって利用者が減り昭和46年に廃止された。

山中線には2扉転換クロスシートで鋼製電車の「くたに」号6000形と日本初のアルミ車体の「しらさぎ」号6010形が自社発注車として走っていた。

山中線廃止後に両形式は大井川鐵道が譲受し活躍していたが経年劣化で廃車になった。「しらさぎ」号は山中町が引き取って里帰りをして道の駅「山中温泉ゆけむり健康村」に保存展示されている。

普通列車ばかりが走る路線では行違駅を棒線駅化しているところが多い

米坂《よねさか》線の西米沢駅、萩生《はぎゅう》駅、手ノ子《てのこ》駅、伊佐領《いさりょう》駅、玉川口駅、越後片貝駅、越後大島駅は元行違駅だった。それを棒線化した。

運転本数が減ったためではない。蒸気機関車列車の時代から運転本数は少なかった。昭和40年では全線を走る列車は7往復、うち急行「あさひ」が2往復運転されていた。区間運転の列車は米沢—今泉間が3往復、長井線（現山形鉄道フラワー長井線）長井発米沢行が2本、米沢—萩生間が1往復、米沢—小国《おぐに》間が1往復、小国→坂町間と越後《えちご》下関《しもせき》→坂町間が各1本だった。「あさひ」は気動車列車、普通は区間運転の列車を中心に気動車が使われていたが、蒸気機関車牽引の列車も走っていた。

　現在の全線通しの列車は5往復と減ったが、区間運転の列車は米沢—羽前椿間で3往復、米沢—小国間と米沢—今泉間、小国—坂町間が各1往復とそんなには減っていない。

　棒線化したのは運転本数が減ったことが大きな要因ではない。蒸気機関車列車はとにかく遅い。同じ運転本数であっても、遅いとどうしても運用する本数が多くなり、そのぶん、行き違う回数が増える。そこで行違駅を多かったのである。

越後片貝駅

西米沢駅

越後下関駅は現在でも両開き行違駅。他の駅はその右側の線路を撤去して棒線化した

伊佐領駅

全国のＪＲローカル線の棒線駅のなかでホームの両端で線路がうねっている駅を多く見かける。また明らかに島式ホームだったことがわかる棒線駅も多い。もともとは両開きポイントによる行違駅だったのである。

なかには使われていない対向のホームが残っているところもある。かつては相対式ホームの行違駅だったのである。

蒸気機関車を無煙化政策によって気動車化していった。初期の気動車は蒸気機関車列車よりも速いけれども、今の気動車にくらべると遅かった。とくに山上りは苦手だった。そのため、行違駅の棒線化はそんなにはなされなかったが、気動車の性能が向上していくにつれて行き違いをする駅が少なくなり、多くの路線で行違駅を棒線化したのである。

行違駅のポイントは両開きか片開きか

後述する指宿枕崎線はじめローカル線の行違駅では両開きポイントが多い。これは、速度が低い小形蒸気機関車、のちには気動車つまりディーゼルカーを使用していたから行違駅のポイントを通過する速度もさほど高くなかったためである。

比較的速度が高い重量級の蒸気機関車牽引の長い列車が走る本線級の路線では両開きポイントはかなり手前から速度を落とさなくてはならず効率が悪い。そこで行違駅に進入する側、要するに左側通行する線路のほうを直線にして速度制限をなくしている。

重量級の高馬力の蒸気機関車であっても出発時の加速は悪いから単線になるための合流する側のポイント通過速度は低く片開きにしてもいい。

本線と呼ばれる路線の多くは複線化されているために、現存する各本線の単線行違駅はあまり残っていない。中央本線の茅野（正確には普門寺《ふもんじ》信号場）—岡谷間は単線であり、途中にある上諏訪、下諏訪の2駅はまさしく進入側は直線、進出側は片開きポイントで合流している。

なお、ここでいう本線とは国鉄が路線を区分けするとき、代表路線を核とした部を設定し、代表路線を本線とし、それに所属する他の路線をまとめたものである。たとえば中央本線は中央線の部の本線で、所属線は小海線や五日市線、青梅線などである。

本線ではないが蒸気機関車列車が走っていた九州の三角《みすみ》線の行違駅の住吉、網田《おうだ》の両駅や小海線の羽黒下駅、飯山線の替佐《かえさ》、桑名川、森宮野原などがそうなっている。

久大本線の各駅もそうなっているが、他とは少し異なる。久大本線は山岳線なので駅の構内や駅の前後でもカーブが多い。そういったところの行違駅は両開きではあるが振り分けポイントといって基準線（片開きポイントの直線側に相当する線）に対しての振り分け角度を分けて

右：新宿寄りから見た中央東線上諏訪駅。両端とも進入側が直線になっている。まっすぐ進む線路が下り本線の２番線、右側の線路が上り本線の１番線、上り本線の奥の進入側のポイントも直線になっている。左側の３番線は下り１番副本線、その隣は下り２番側線となっている

右下：昭和46年のときの中央西線木曽福島駅の下り１番副本線（下１線）を発車する大形蒸気機関車のD51牽引の貨物列車。下１線の片開き分岐の制限速度は35kmになっているが、蒸機列車は加速が悪いので列車全体がポイントを通り抜けるまで35kmに達しない

下：昭和46年時の中央西線野尻駅。進入側が直線

いる。

つまり進入側は基準線に対して振り分け角度を緩くして制限速度を高めるようにしている。その代り進出側はきつくして制限速度を低めている。久大本線だけではなく多く路線ではこのような振り分けポイントを採用している。

高速通過ができる一線スルー方式

進入側はできるだけ制限速度を上げ、進出側はさほど上げない行違駅は蒸気機関車列車や気動車列車に多く採用された。両開きポイントは進入側も進出側も狭いスペースで制限速度を高めることができる。

片開きポイントの分岐側は速度制限を受けるが直線側は速度制限を受けない。両開きポイントやその変形の振り分けポイントの基準線は、片開きポイントの直線側に相当するものである。

片開きポイントの分岐側と直線側の角度によって分岐側の制限速度が決められる。この角度のことを番数という。たとえば10番片開きポイン

右：小海線羽黒下駅も進入側が直線。ポイントはスプリング式
右下：久大本線天ヶ瀬駅の久留米寄りは上り線を緩くした振り分けポイントになっている
下：同様に久大本線恵良駅も上り線が緩い振り分けポイント

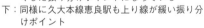

トとは直線側から1m離れるのに10m必要なポイントのことである。

両開きポイントや振り分けポイントでは、基準線に対しての番数になるから短い距離で制限速度を高めることができる。このため両開きポイントやその変形の振り分けポイントが多く採用されている。

そうはいっても速度制限を受ける。特急などの優等列車は速度を落として駅を通過する。これを是正したのが1線スルー方式である。上下の優等列車は片開きポイントの直線側（スルー線）を通して制限速度なしで通過をし、通過待ち列車は上下とも分岐側（待避線）を通って駅に停車する。

片開きポイントの場合は信号回路を変更して、直線側も分岐側も上下列車が通れるようにさえすれば、1線スルー駅化は完了する。

両開きポイントや振り分けポイントを採用している駅を1線スルー化するためには手前から制限速度を受けない緩いカーブで曲がって直線にして、直線上に片開きポイントを設置、分岐後にそれまでとは反対の緩いカーブで曲がって、分岐側の線路と並行するようにする。このようにして高速化している路線、駅は多い。

国鉄が建設した単線路線の配線例として指宿枕崎線を見る

指宿《いぶすき》枕崎《まくらざき》線は鹿児島中央—枕崎間87・8㎞の単線非電化の路線である。指宿枕崎線は廃止された改正鉄道敷設法（大正11年4月成立）の建設すべき予定線を青森県から順に別表番号で取り上げた本州の部（本州の部の次は北海道の部が続く）の最後の127番の「鹿児島県鹿児島付近より指宿、枕崎を経て加世田に至る鉄道」によって建設された。

完全１線スルーの室蘭本線北船岡駅

両開きポイントだったのを１線スルー化した予讃線本山駅。時速130㎞で通過できる緩い曲線で左カーブした先で待避線が途中で分かれている

指宿枕崎線関連図

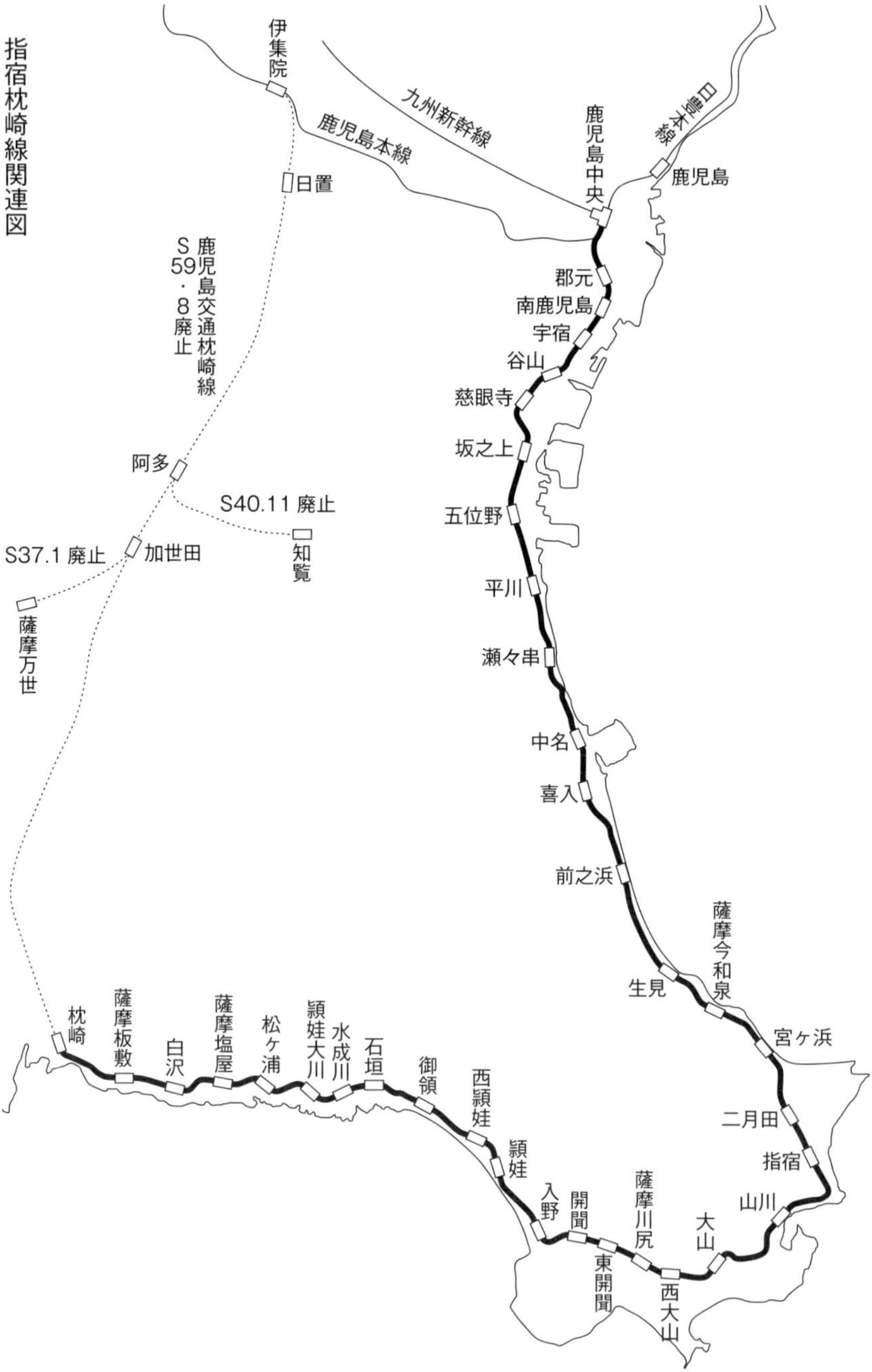

伊集院
九州新幹線
日豊本線
鹿児島本線
日置
鹿児島中央
鹿児島
鹿児島交通枕崎線
S59・8廃止
郡元
南鹿児島
宇宿
谷山
慈眼寺
坂之上
阿多
S40.11 廃止
知覧
五位野
S37.1 廃止
加世田
薩摩万世
平川
瀬々串
中名
喜入
前之浜
薩摩今和泉
生見
宮ヶ浜
二月田
指宿
山川
大山
西大山
薩摩川尻
東開聞
開聞
入野
頴娃
西頴娃
御領
石垣
水成川
頴娃大川
松ヶ浦
薩摩塩屋
白沢
薩摩板敷
枕崎

鉄道敷設法が成立する前の大正３年に南薩《なんさつ》鉄道が肥薩線（現肥薩線ではなく鹿児島本線のこと）の伊集院駅から加世田駅まで開通させていた。これと接続して薩摩半島を一周する鉄道を形成しようとするものだった。

国鉄は昭和５年に指宿線として西鹿児島（現鹿児島中央）―五位野間、９年５月に五位野駅から喜入駅まで、12月に指宿駅まで、11年３月に山川駅まで開通させた。一方、枕崎地区まで延伸されるのはまだまだ先になるとして、将来国が買い上げることを前提に昭和６年に南薩鉄道が枕崎―伊集院間を延伸開通した。

昭和10年に山川―枕崎間に国鉄バスの運行を開始した。28年になって鉄道建設審議会が運輸省令によって新たに簡易線規格を加えたので、山川―枕崎間は簡易線として建設することになった。

それまでは甲、乙、丙の３種類の規格があった。甲線は幹線路線のための規格で最小曲線半径３００ｍとしていた。乙線は亜幹線路線用で最小曲線半径は２５０ｍ、丙線は支線用で最小曲線半径は２００ｍとしていた。

平川―瀬々串間の錦江湾沿いを走るキハ200形使用の普通山川行

輸送量が極端に少ない新規路線の建設費を軽減するために設置したのが簡易線である。最小曲線半径は160mにし、最急勾配も35‰、道床（バラスト＝砕石）の厚さは120㎜、（地盤強固の場合は100㎜）、レールの重さ（軌条重）は1mあたり30kgとした。甲、乙線の最急勾配は25‰、丙線が35‰、道床厚は甲、乙線が200㎜、丙線が130㎜、軌条重は甲線、乙線が37kg、丙線が30kgとしていた。

なお、その後、特甲線が加えられた。特甲線は基本的に最小曲線半径400mとし最急勾配は10‰、道床厚は250㎜、軌条重は50kgとしている。

最高速度は乙線までが95㎞、丙線は85㎞、簡易線は65㎞である。ただし線区によって最高速度は決められており、簡易線であっても70㎞で走ることができる路線もあった。

機関車の軸重制限は特甲線が18t、甲線が16t、乙線が15t、丙線が13t、簡易線が11tである。この軸重制限に呼応する機関車は特甲線と甲線がD52、C62、EH10、EF58、EF55など大形機関車、乙線がD50、D51、丙線がC58、9600形、簡易線がC56やC11、C12などである。

指宿線は丙線であり、すでに気動車が投入されていたが、蒸気機関車牽引の客車列車も走っていた。電車や気動車は動力分散をしているので形式を問わず簡易線でも走行ができる。

昭和32年に山川―枕崎間は簡易線として着工され、山川―西頴娃《にしえい》間が35年3月に指宿線の延長線として開通した。運転本数はバス便を踏襲した1日4往復だった。簡易線だから駄目だということはないものの、蒸気機関車牽引の客車列車、貨物列車の運転はなかった。

西頴娃―枕崎間の路盤は昭和36年春に完成したが、国鉄の経営状態がよくないために、この路盤を自動車専用道路にしてレールと道路の両方を走行できるバスを走らせる計画が進んだ。現在、阿佐海岸鉄道が採用しているDMVではなく、2本のレールの外側を舗装してタイヤがレールを跨いで走るバスが考えられていた。

薩摩半島を一周するバスを走らせるには、多くの区間でバス対応の軌道を整備しなければならず、また、まだ構想段階の特殊なバスだったので、結局、簡易線として昭和38年10月に西頴娃―枕崎間が開通した。

昭和40年代の指宿枕崎線には蒸気機関車牽引の客車列車2往復が鹿児島―山川（上り1本は指宿始発）間を走っていたが昭和48年に廃止した。指宿―山川間で行っていた貨物営業も昭和55年10月に廃止した。

当時、国鉄は仕訳方式で貨物列車を走らせていた。仕訳方式とは多くの駅で貨物営業を行っており、それら貨物取扱駅には貨物側線があった。そこに置かれていた貨車を機関車牽引の貨物列車が順に連結して操車場に送り込んでいった。操車場では方面別に貨車を仕訳して貨物列車を再度組み立てて発車させていた。

仕訳方式は昭和55年10月に廃止され、多くの小口貨物取扱駅は廃止された。指宿枕崎線ではすべての貨物取扱駅が廃止された。

廃止を免れた貨物取扱駅は大口の貨物を取り扱う駅で、そのような駅から貨物を受け取る駅まで直行で運転される。これを車扱貨物列車という。小口貨物については個別にコンテナに搬入する。それらコンテナはトラックで貨物ターミナルなどに集められてコンテナ貨車に積載する。大量の貨物の輸送では顧客自身が専用の線路を持ち、そこでコンテナに荷物を搬入して当初からコンテナ貨車にコンテナを積載するようになった。

国鉄は車扱貨物列車やコンテナ貨物列車によって拠点間を走る直行貨物列車方式に転換した。

そのため小口輸送をしていた多くの私鉄も貨物輸送を廃止した。

山川―枕崎間

枕崎駅は南薩鉄道の枕崎駅を配線変更して駅を間借りする形で接続した。このため国鉄としての駅ではなく南薩鉄道の駅として南薩鉄道が管理、営業をしていた。また、西鹿児島―山川間を含めた西鹿児島―枕崎間を指宿枕崎線として改称した。

西頴娃駅は島式ホーム1面2線の行違駅である。山川―枕崎間の各駅のホームの長さは西頴娃駅を含めて50m、気動車2両編成分しかない。西頴娃駅と枕崎駅を除き、他の駅は片面ホームの棒線駅である。

しかし、いくつかの駅は島式ホーム1面2線にできるように準備され、将来行き違いをする増設線の路盤を横取線（保守車留置用線路）に流用している駅もある。

枕崎駅で鹿児島交通と接続したものの直通運転はなく、まして貨物列車の

薩摩塩屋には行違線の予定路盤に横取線がある

御領駅は棒線駅

薩摩川尻駅も同様に横取線がある

開聞駅は島式ホームの行違駅にできるようになっている

運転はなかった。枕崎駅での国鉄と南薩鉄道との間で貨車の授受（貨車の受け渡し）も行われなかった。ただし、伊集院経由の枕崎—西鹿児島間の直通列車の運転と貨車の授受はなされていた。

南薩鉄道は三井自動車と合併して昭和39年に鹿児島交通枕崎線になった。しかし、58年に水害にあい59年に全線を廃止した。

その後も国鉄の指宿枕崎線は鹿児島交通の枕崎駅を間借りして営業していた。鹿児島交通の線路は撤去され、バスの発着場となり、国鉄は片面ホーム化した線路1線だけで発着していたが、奥に引上線とそこから分かれる横取線が伸びていた。

平成18年５月に鹿児島交通が管理していた枕崎駅を、都市再開発によってスーパーマーケットタイヨーに鹿児島交通が売却したために、ＪＲ枕崎駅を１００ｍほど西鹿児島寄りの現在の位置に移転した。

このため指宿枕崎線の営業キロは57・９㎞から57・８㎞へと０・１㎞短くなり、移設された駅は片面ホーム１面１線の棒線駅となったものの、ホームを通り越しても1両分ほど線路を伸ばした。これはブレーキの効きが悪くて冒進してホームを行き過ぎても車止までの距離をあけて、列車が車止めに激突しないようにするためである。

現在の使用車両は国鉄時代に造られたキハ40・47形を使用している。最新タイプのキハ２００形は山川以遠には走らない。Ｓカーブが連続している区間が多くあって、しかも簡易線規格なので軌道の平面狂いが頻繁に起こり、軽量のボルスタレス台車を持つキハ２００形だと追随性が悪いことから脱線の不安がある、重くてレールに吸い付くボルスタ付台車を装着しているキハ40・47形のほうが安心できるためだといわれる。

西頴娃駅は典型的な両開きポイントによる行違駅で、ポイントは常に左側通行できるスプリングポイントになっている。また西頴娃駅で折り返しができるように下り線側の鹿児島中央寄りにも出発信号機が置かれている。

途中の西大山駅は日本最南端の駅だったが、沖縄モノレールが開通して、同モノレールの赤嶺駅が日本最南端の駅になったために、西大山駅はＪＲ最南端の駅と言い換えるようになった。

長らくの間駅前広場あってもそれ以外の施設はなにもなかったが、クルマで訪れる人も多くなったこともあって、近年になってトイレと飲料の自動販売機と旧式で黄色に塗装さ

終端側から見た枕崎駅

枕崎駅は棒線駅

西頴娃駅に進入するキハ 47 形枕崎行

枕崎寄りから見た西頴娃駅。鹿児島寄りは上下線ともに出発信号機がある。スプリング式ポイントでも下り線から指宿方面に向けて折り返しができる

西頴娃駅のスプリングポイント。反行列車が通らなければ常に左側通行になっている

下り列車が通り過ぎた時点では車輪に押されて右向きになるが、すぐにスプリングポイントで左向きになる

れた郵便ポストが置かれるようになっている。また駅前広場に通じる道路の反対側に食堂と土産物屋さんも開業している。駅前はちょっとした道の駅化している。

鹿児島中央—山川間

鹿児島中央—山川間は昭和11年に丙線規格で開通している。山川—枕崎間は簡易線規格だが曲線半径については最急曲線半径250mのところがあるものの、160mの曲線はなく多くは400mのカーブが多い。しかし、鹿児島中央—山川間は丙線で許されている半径200mのカーブがいたる所にある。

鹿児島中央—山川間は観光地指宿があって利用客は比較的多い。運転本数が多いので軌道の平面狂いを抑えるために重軌条化（50kgレール）して保守を入念に行っている。このため軽量ボルスタレス台車を装備するキハ200系が快調に走っている。

山川駅は長らく終点駅だった。指宿駅寄りにある第2成川トンネルのすぐ先に相対式ホームの山川駅がある。トンネルを出るとすぐに右へ片分岐ポイントがある。相対式ホームになり海岸線に沿いに枕崎駅に向かって左カーブしている。

海寄り左側が1番線、反対側が2番線で両線とも鹿児島中央、枕崎の両方向に出発できるが、基本的に1番線が鹿児島中央—山川間運転の列車、2番線が山川—枕崎間の列車が停車して、乗客は枕崎寄りの構内踏切を通って乗り換える。

2番線はホームを出ても右にカーブしてから直線になり、1番線はホームを出るとすぐに直線になって2番線の線路と接続する。片方の線路が直線のところに片開きポイントが設置され、もう片方がの線路分岐合流する配線になっている。

指宿駅は片面ホームが島式ホーム各1面2線のJR形配線になっているが、下り本線で

西大山駅は JR 最南端の駅

山川駅は JR 最南端の有人駅

指宿寄りから見た山川駅

山川駅から指宿寄りを見る

ある1番線は中線である2番線から片開きポイントで分岐した配線になっている。ようは1番線が副本線になっているような配線である。

それでも海側に駅舎がある1番線が下り本線であり、鹿児島中央、枕崎の両方向に出発できる。キハ47形を改造した特急「指宿のたまて箱」やキハ200形による快速「なのはな」など主要列車が発着するメインの線路である。片面ホームに面しており、ホームの反対側に改札口があるから階段を通らずにすんでいる。2番線も両方向に出発できる折返用発着線、つまり中線《なかせん》であり、指宿駅では行っていないが追い越しや機関車列車の機関車の機回しもできる重宝な配線である。

この配線は明治期から国鉄が好んで採用していたから国鉄形配線といわれており、国鉄がＪＲになってからはＪＲ形配線と呼ばれるようになっている。ただし片面ホームに面した本線を直線にして進入進出時に揺れないようにするのがセオリーだが、指宿駅では中線から分岐しているために、典型的なＪＲ形配線にはなっていない。

なお、指宿駅の山側には３線の側線が配置されている。側線とは乗客を乗せた営業列車が走ることができない線路のことで、車両留置や入換用の通路線などの線路のことである。

枕崎寄りから見た山川駅。枕崎寄りでは２番線が先に左に大きくカーブしてから直線になる。１番線の左カーブは半径300m、２番線は直線になる寸前は簡易線で許されている半径160mにして１番線に近づけるようにして合流する

山川駅から見た枕崎寄り。構内踏切があり、１番線が分岐側の片分岐ポイントになっている。直線部分で分岐するが、その先、山川駅構内では半径300mの枕崎駅に向かって左カーブしている

本線も含めて線路番号が付けられている。指宿駅の場合は上り本線の3番線に続いて4、5、7番線の側線がある。6番線は撤去されて欠番になっており、7番線は保守車両留置用の横取線になっている。

なお、2番線の中線は副本線ともいう。副本線といっても営業列車が走れる本線には変わりがない。サブ的な本線という意味である。

指宿駅から鹿児島中央駅までの各駅のホームは6両編成対応の130mになる。行違駅は薩摩今和泉、生見《ぬくみ》、前之浜、喜入《きいれ》、中名《なかみょう》、瀬々串《せせくし》、五位野、慈眼寺《じげんじ》、谷山、南鹿児島で

枕崎寄りから見た指宿駅。右から１番下り本線、２番中線、３番上り本線、４、５番側線、７番線は横取線

鹿児島中央寄りから見た指宿駅

左の１番線は改札口に通じた片面ホームに面している

ある。前之浜、瀬々串、慈眼寺の３駅が相対式ホーム２面２線、他は島式ホーム１面２線で喜入駅以外は左側通行の機械式転換ポイントになっている。喜入駅は折り返しができるように上下線とも両方向に発車できるように上下線の両端に出発信号機がある。

生見駅には貨物ホームが残っている。貨物ホームに面した貨車留置線は保守車両のための横取線になっている。喜入駅と五位野駅にも貨物ホームと貨物留置線を流用した横取線がある。

指宿枕崎線の相対式ホームの駅は、近年になって安全なように跨線橋が取り付けられた。

五位野駅。大多数の乗客は跨線橋を通らず、ホームから線路に降りて出入りしている

生見駅は島式ホームの行違駅で安全側線と構内踏切がある。跨線橋はない

喜入駅は相対式ホームで跨線橋あり

当然エスカレーターやエレベーターがない。このためお年寄りなどは跨線橋を通らず、ホームから直接線路に降りて駅から出入りしている。運転本数が少ないのだから警報機付の構内踏切を復活したほうがよほどバリアフリーである。

　中名駅では枕崎寄りに通常の踏切がある。鹿児島中央寄り端に構内踏切があって駅中央付近の山側に駅舎がある。山側の各地区に行くのにさえ迂回して面倒である。まして海側に行くのにはもっと面倒である。枕崎寄りの踏切から直接ホームに出入りするほうが便利なので「きけん　ここから入ってはいけません」と注意書きがしてある。運転本数が少なく第1種踏切だから列車が接近するとき警報機がなる。無人駅だから階段またはスロープを設置して正式に出入口にすればバリアフリーになって喜ばれるし乗客獲得にもなる。

　鹿児島中央駅で普通列車は基本的に切り欠きホームの1番線から発着する。

右：中名駅の指宿寄りに通常の踏切がある
右下：中名駅の改札口は鹿児島中央寄りの構内踏切を通って山側の出口から駅の外に出る
下：指宿寄りのホーム端に「きけん　ここから入ってはいけません」と書かれている

右の行き止まりになっている１番線から基本的に指宿枕崎線の普通は出発する

２番線、３番線（中線の３番線があるため線路番号は４番）からも発車する。ただし鹿児島中央駅のすべての在来線から発着可能な配線になっている

４番線（線路番号は５番）から発車する特急「指宿のたまて箱」

第3章

単線路線の高速化

乙線規格で建設されたものの高速で走る篠栗線

篠栗《ささぐり》線篠栗―桂川《けいせん》間は鉄道敷設法の別表１１０「福岡県篠栗より長尾付近に至る鉄道」を元に乙線として建設された。長尾駅は現桂川駅である。現在の筑豊本線が若松駅から同駅まで延伸した明治34年12月に長尾駅として開設され、昭和15年に桂川駅に改称している。開設時は私設鉄道の九州鉄道の駅だった。九州鉄道は明治40年に国有化され、42年の国鉄線路名称制定時に筑豊線の部の本線として筑豊本線となった。

筑豊本線の周囲の炭鉱からの石炭を輸送するため多数の所属線があった。現存しているのは後藤寺線と平成筑豊鉄道になった伊田線、糸田線しかないが、かつては香月線、宮田線、漆生《うるしお》線、上山田線、幸袋《こうぶくろ》線の８路線があった。

篠栗線の吉塚―篠栗間も九州鉄道によって明治37年に開通し45年に国有化した古い路線である。こちらは国鉄線路名称制定時に鹿児島線の部に所属した。

篠栗―桂川間が予定線に取り上げられたのは、篠栗駅から桂川駅まで開通すれば筑豊地区と博多を結ぶ短絡線になるので重要路線になると見込まれたためである。

このため国鉄はこの予定線の各トンネルについて電化を前提にした単線特1号型を採用している。最小曲線半径は５００ｍ、最急勾配は17‰と甲線以上の規格で設計された。

昭和34年4月に調査線、11月に工事線昇格して39年に鉄道建設公団（現鉄道建設・運輸施設整備支援機構＝略して鉄道・運輸機構）が設立されて、同公団が建設を引き継いだ。測量設計を行い40年1月に着工、鉄道建設公団の最初の路線として43年5月に開通して篠栗線に編入された。

それまで博多駅から直方《のおがた》駅まで原田経由で119分、折尾経由で100分かかっていたのが、篠栗線が開通したときから博多—直方間に快速を設定して所要時間60分（普通は74分）とし大幅に短縮した。

昭和63年に香椎《かしい》線との立体交差地点に同線とともに長者原《ちょうじゃばる》駅を新設して連絡、平成3年に柚須《ゆす》駅と門松《かどまつ》駅を行違駅化するとともに鹿児島本線の吉塚—博多間に篠栗線用の単線線路を増設して篠栗線の全列車が博多駅まで乗り入れるようになった。

平成13年10月には筑豊本線とともに電化され、同時に長者原駅も行違駅化するとともに特急「かいおう」が走るようになった。「かいおう」の名称の由来は直方出身の大関魁皇関からとったものである。「かいおう」などの最新車両はカーブでの制限速度を定めた本則よりも、各曲線半径に応じて5〜15㎞高い速度で走れる。特急「かいおう」の博多—直方間の現在の所要時間は博多行が55分、直方行が49分（表定速度58・0㎞）である。

篠栗線は桂川が起点で終点は吉塚駅だが、前述したように鹿児島本線と並行して単線の専用路線で博多駅まで乗り入れており実質の終点は博多駅である。博多駅の篠栗線ホームは新幹線と鹿児島本線に挟まれた島式ホームの7、8番乗り場である。

なお4番乗り場と5番乗り場の間に行止りの中線の5番線があるために5番乗り場の線路番号は6番線になっている。このため、7番乗り場の線路番号は8番線、8番乗り場は9番線になっている。8番線は鹿児島本線と接続しており、9番線は行き止まりになっている。9番線に入線するとき第2場内信号機は黄色2灯点灯の警戒現示がなされ第2場内信号機の先は制限速度25㎞になって進入する。

吉塚駅は島式ホームで通常は左側を通行するが、優等列車を待避したり、同駅で折り返しをしたりできるよう4、5番線ともに両側に出発信号機がある。また、5番線の博多方

篠栗線関連図

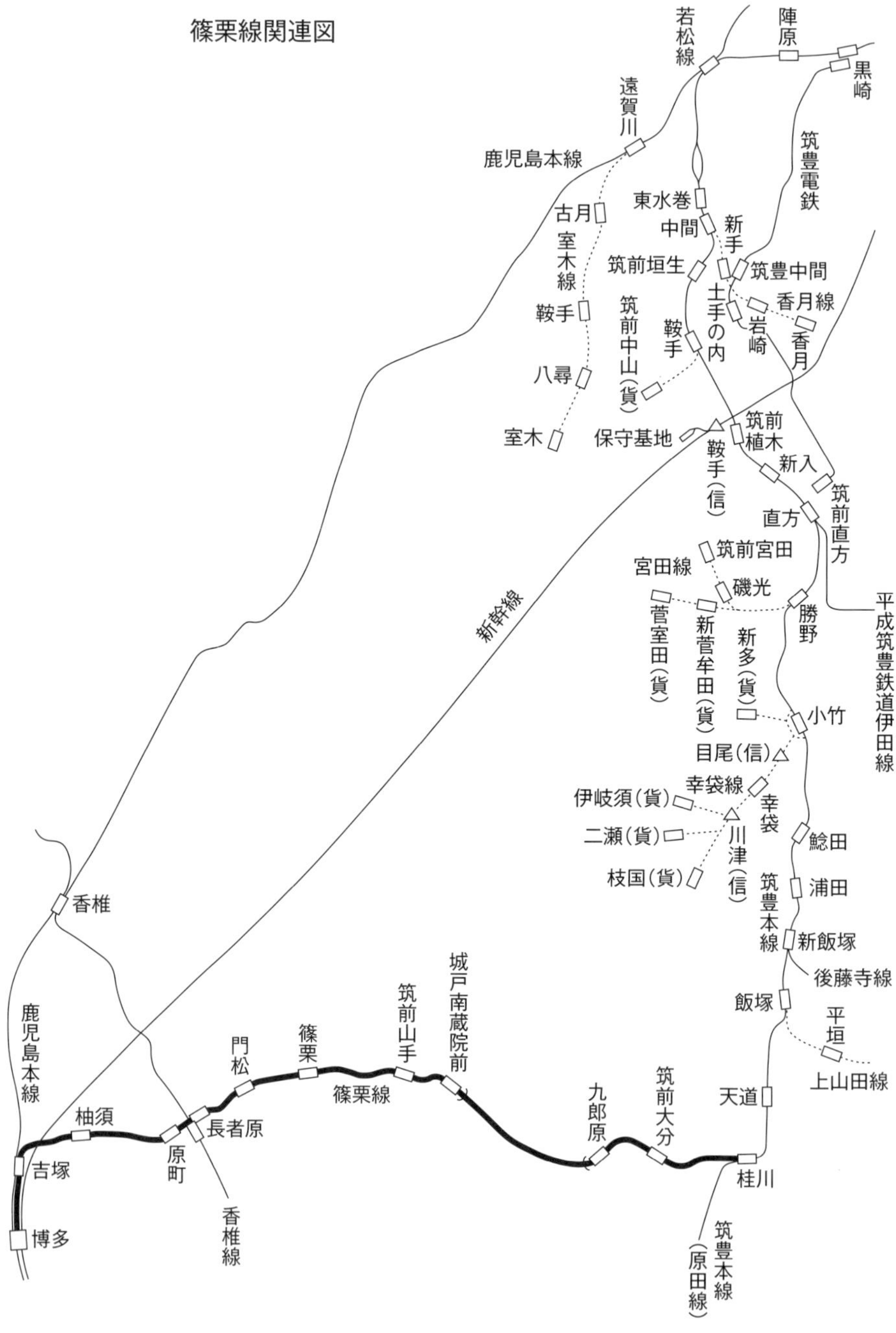

若松線
陣原
黒崎
遠賀川
鹿児島本線
筑豊電鉄
東水巻
中間
新手
古月
室木線
筑前垣生
筑豊中間
香月線
土手の内
岩崎
香月
鞍手
筑前中山（貨）
鞍手
八尋
室木
保守基地
筑前植木
鞍手（信）
新入
筑前直方
直方
筑前宮田
宮田線
磯光
勝野
菅室田（貨）
新菅牟田（貨）
新多（貨）
平成筑豊鉄道伊田線
新幹線
小竹
目尾（信）
幸袋線
伊岐須（貨）
幸袋
二瀬（貨）
川津（信）
鯰田
枝国（貨）
筑豊本線
浦田
新飯塚
後藤寺線
香椎
飯塚
平垣
上山田線
鹿児島本線
城戸南蔵院前
筑前山手
篠栗
門松
篠栗線
九郎原
筑前大分
天道
柚須
長者原
原町
吉塚
桂川
博多
香椎線
筑豊本線（原田線）

に安全側線、４番線の桂川方に引上線が設置されている。

柚須駅は１線スルー構造になっている。２番線が直線（スルー線）で上下優等列車が時速１００kmの高速で通過できる。行き違い待避をしない通常の普通列車は左側通行をする。

原町《はるまち》駅は緩い16番の両開きポイントになっているので電車や気動車の制限速度は80kmである。なお篠栗線の最高速度は１００kmである。左側通行で乗り上げポイントによる安全側線は直線部分に置かれている。

長者原駅は半径６０３mの桂川に向かって左カーブ上にある。開設時は片面ホームで制限速度は80kmだったが、その後、下り２番線と増設の上り１番線に挟まれた島式ホームにした。下り２番線の博多寄りは半径６０３mのままにしたものの、少し直線区間を造って、そこから上り１番線が分岐する片開きポイントになっている。このため１番線は35kmの速度制限を受け、２番線のほうは本則で80km制限である。桂川寄りは用地の制約で振り分けポイントになってお

右：博多駅９番線（８番乗り場）の第２場内信号機は黄色２灯点灯の警戒信号が現示される
右下：第１場内信号機は緑灯（下）と黄灯（上）点灯の減速現示（JRの場合65km制限）になっている。下段の「９」は当該進入電車の博多駅の進路が９番線（８番乗り場）であることを示している
下：桂川寄りから見た吉塚駅

り2番線は60㎞、1番線は35㎞制限になっている。1、2番線とも両方向に出発でき、2番線が桂川寄りで60㎞制限を受けるものの2番線がスルー線の1線スルー駅である。

門松駅は片面ホームだったが、相対式ホームの行違駅にした。直線棒線駅だったのを用地取得の関係で駅中心を境に博多寄りは南側、桂川寄りは北側を増設線にしたので行き違い区間はS字カーブを描いている。そして上下線とも進入側を直線にした片開きポイントにしている。

このような配線は機関車牽引時代、とくに蒸気機関車列車が走っているところに多く採用した配線である。しかし門松駅は用地取得の関係でこのような配線になっている。通過列車はどうしてもスピードを落とさなくてはならない。

篠栗駅はJR形配線だが、駅本屋側の片面ホームとその対面の島式ホームがやや斜向かいに配置されている。通常このようなホーム配置は上下列車の通標の交換がしやすいためのものである。しかし、篠栗駅は桂川駅延伸まで終着駅だったから、通標の授受は行われていなかった。桂川延伸後は

長者原駅の博多寄り端部を見る

桂川寄りから見た柚須駅

桂川寄りから見た長者原駅

原町駅の博多寄り端部を見る

単線自動閉塞になり、タブレット閉塞は廃止されている。篠栗駅は石炭積み出し駅で片面ホームの吉塚寄りには貨物ヤードがあり、島式ホームの終端側には機関庫があった。その名残で斜向かいになっている。

島式ホームの内側の線路は副本線の中線ではなく下り本線である。外側の線路は下り1番副本線であり、博多と桂川の両方面に出発できる。また、その外側には非電化で保線車両の留置用の下り２番側線が置かれている。２番線は機関庫の名残である。

桂川寄りから見た門松駅。進入側の線路は直線、進出側は片開きポイントになっている。門松駅から桂川駅までの安全側線の分岐は通常タイプのポイントになっている

博多寄りから見た篠栗駅

桂川寄りから見た篠栗駅

篠栗駅からは鉄道建設公団が建設した区間である。山中に入っていくので最急17‰の上り勾配になる。第1、第2の鳴渕トンネルを抜けると片面ホームの筑前山手駅となる。地上から高さ15mのコンクリート高架橋に片面ホームが置かれて天空の駅と呼ばれている。鉄道建設公団は谷あいをトンネルと高々架橋で建設して線形をよくするとともに用地買収を軽減するようにルートを選定している。そしてトンネルの中であっても、高々架橋であっても駅を設置することも多い。

高々架橋に片面ホームがある駅としては、廃止された三江線の宇津井駅、野岩鉄道の川治湯本駅などがある。

筑前山手駅の先で城戸トンネルに入り、出た先の半径500mの右カーブのところに城戸病院前駅がある。両端でカーブを直線にして本則で時速80㎞制限の両開きポイントがある左側通行の相対式ホームになっている。

450mの篠栗トンネルをくぐる。同トンネルは途中で8・0‰の上り勾配から同じ

博多寄りの篠栗トンネル坑口から見た九郎原駅。半径700m。緩いカーブ部分で待避線が分岐している1線スルー駅

桂川寄りから見た筑前山手駅。国道201号を見下ろすずいぶん高いところにある

九郎原駅の桂川寄りの待避線の安全側線は直線になっており、そこから渡り線的形状でスルー線に合流している

桂川寄りから見た城戸病院前駅

勾配の下り勾配に転ずる拝み勾配になっている。トンネルの途中が頂点になっていることから縦断面図が手を合わせて拝んでいる形になることから拝み勾配という。拝み勾配にするのはトンネル内で沸き出る地下水が溜まらないようにするためである。

篠栗トンネルを抜けると桂川に向かって半径500mの左カーブ上に九郎原駅がある。上り線がスルー線の1線スルー駅である。

筑前大分駅は半径600mの左カーブ上にあり、両端は両開きポイントの左側通行の相対式ホームになっている。

そして筑豊本線が近寄ってきて並行すると桂川駅である。JR形配線で北側が片面ホームに面した1番線で直方方面にしか発車できない。その隣にやや直方寄りにずれた島式ホームがあり、基本的に2番線が原田方面、3番線が博多方面だが、両方とも直方方面にも発車ができる。このため直方方面の快速と普通が2、3番線に停車して緩急接続（互いに同じホームで乗り換えができる方式）を行うことがある。

右：桂川寄りから見た筑前大分駅
右下：博多寄りから見た桂川駅。右の線路は筑豊本線だが石炭輸送がなくなったためにローカル線化してしまって通称は原田線と呼ばれている
下：直方寄りから見た桂川駅。直方寄りは半径400mのカーブがあって西向きから東北向きに方向を変える

単線でも高速列車が走る石勝線

篠栗線は最高速度１００㎞の高速路線だが、鉄道建設公団が次に高速路線として建設した石勝線《せきしょうせん》は最高速度１１０㎞で走れる路線として開業した。のちに高速化改良をして１３０㎞に向上した。平成末期に車両のエンジンから出火した列車火災事故や軌道の保守ミスで貨物列車が脱線事故を起こすなどの数々のトラブルを起こし、最高速度は１２０㎞に減速してしまっている。

千歳空港（現南千歳）―新得《しんとく》間１３２・４㎞の石勝線は道央と道東を結ぶ路線として建設された。石勝線の名は旧国名でいうところの石狩国（道央地区）の頭文字の「石」と十勝国（道東）の「勝」からとったものである。

新得駅からは続いて北十勝線が鉄道敷設法で工事線となった。士幌駅で廃止された士幌線と接続して上士幌駅まで併用する。その先足寄《あしょろ》駅で池北《ちほく》線（のちの北海道ちほく高原鉄道ふるさと銀河線）と接続して北見や網走への所要時間の短縮を狙った。さらに足寄駅から白糠《しらぬか》線が工事線となって根室本線の白糠まで達して、道央から釧路までの高速の短絡線にすることも考えられた。

白糠線は北進《ほくしん》―白糠間が開通したが、北十勝線と足寄―北進間は開通できなかった。白糠線は国鉄有数の赤字路線となっていたので、開通したのちに、あっという間に廃止されてしまった。北十勝線とともに早期に全区間が開通していれば、道東の鉄道路線は違った展開になっていたように思われる。

ともあれ石勝線は四つの区間に分けられており、１区間を除いて鉄道建設公団によって建設されたものである。鉄道建設公団は南千歳—追《おい》分《わけ》間を追分線、追分—新夕張間は国鉄が営業していた夕張線だったが、夕張線を流用した区間は追分—十三里《とみさと》（のちに信号場化）間で十三里—新夕張間は第1紅葉山《もみじやま》トンネルを掘削して別ルートで新設した区間である。

なお夕張線は北海道炭礦鉄道が室蘭線の支線として明治25年に開通した。室蘭線とともに明治39年に国有化された路線である。

新夕張駅は夕張線の紅葉山駅の東側にあり、名目としては紅葉山駅の移設としている。石勝線が開通したときに新夕張駅に改称、新夕張—占冠《しむかっぷ》間は紅葉山線として建設された。新夕張—楓《かえで》信号場間は夕張支線の登川《のぼりかわ》線の線路付替え区間でもあり、楓信号場は平成16年（2004）3月まで旅客駅だった。

占冠—新得間は狩勝線として建設されたものの、上落合信号場—新得間は根室本線の線形改良を兼ねて先行開通している。現在でも根室本線との共用区間だが、根室本線の東鹿越《ひがしかごえ》—上落合信号場間は水害によって路盤が崩落したためにバス代行の上、運休している。このため実質的には石勝線列車だけが走っ

道央—道東間鉄道建設関連図

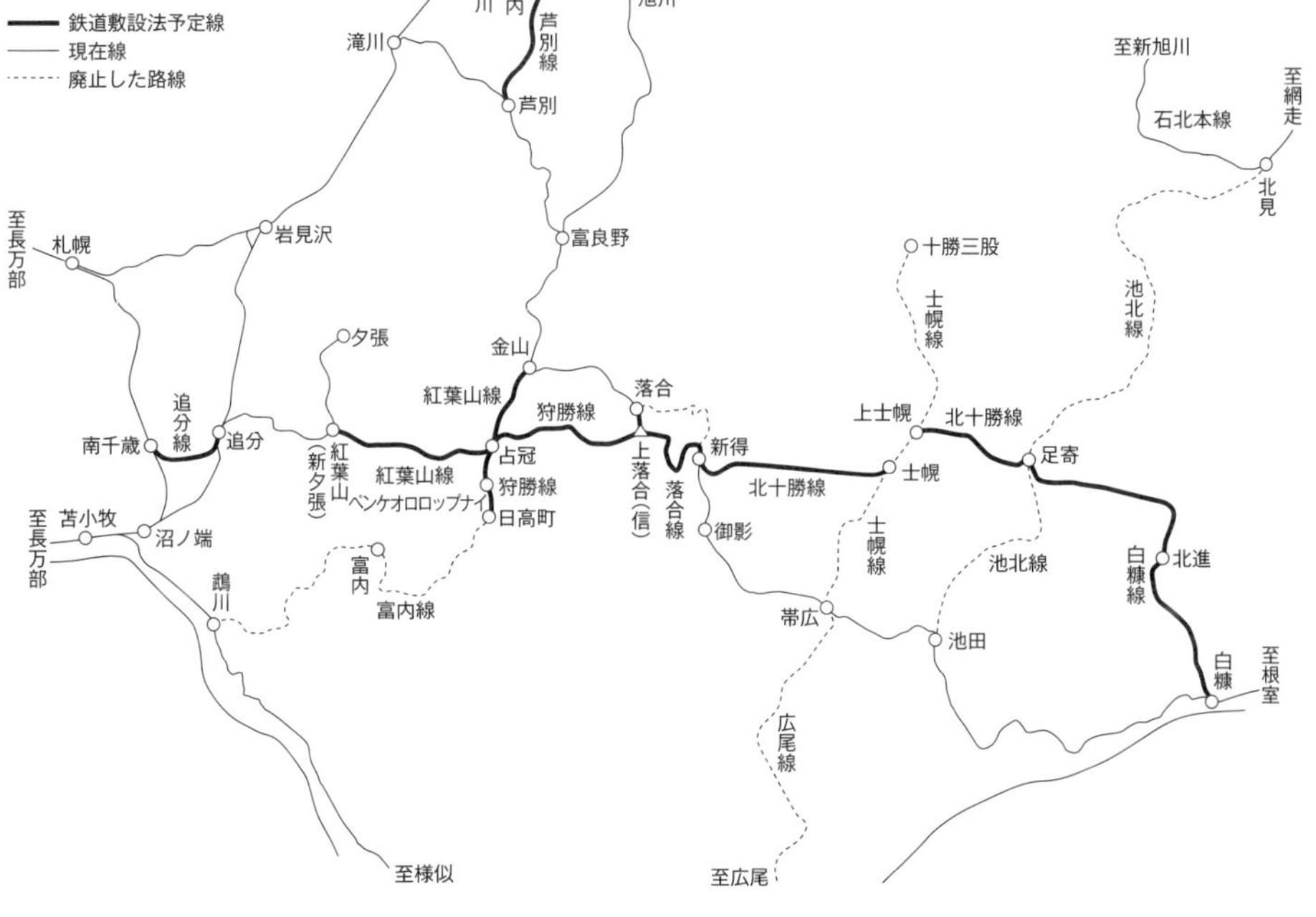

ている。
追分線は鉄道敷設法別表137の「石狩国白石より胆振《いぶり》国広島を経て追分に至る鉄道及び広島より分岐して苫小牧に至る鉄道」によって白石―苫小牧間は千歳線として開業している。残りの広島（北広島駅）より分岐して追分に至る路線を建設しようとしたが、北広島駅の東側が湿地帯で地盤が悪く昭和36年に千歳駅分岐に変更した。しかし、千歳駅分岐も自衛隊と米軍基地を横切ることになるので苫小牧寄り2㎞地点に千歳空港（現南千歳）駅を設置、同駅分岐に再変更して昭和41年1月に着工した。

線路規格は乙線だが追分構内を除いて最小曲線半径800m、最急勾配12・0‰にしたので、実質は特甲線規格であり、公団建設線の主要幹線であるC線として建設された。夕張線流用区間では最小曲線半径300mのカーブがあるものの、大半は緩いカーブであり、最急勾配は12・6‰があるだけである。十三里―新夕張間は実質上特甲線規格になっている。

新夕張―占冠間は鉄道敷設法別表134「胆振国鵡《む》川《かわ》より石狩国金山《かなやま》に至る鉄道および「ペンケオロロップナイ」付近より分岐して石狩国登川に至る鉄道」を根拠にしている。鵡川―富内《とみうち》間は富内線として開通していた。分岐線は

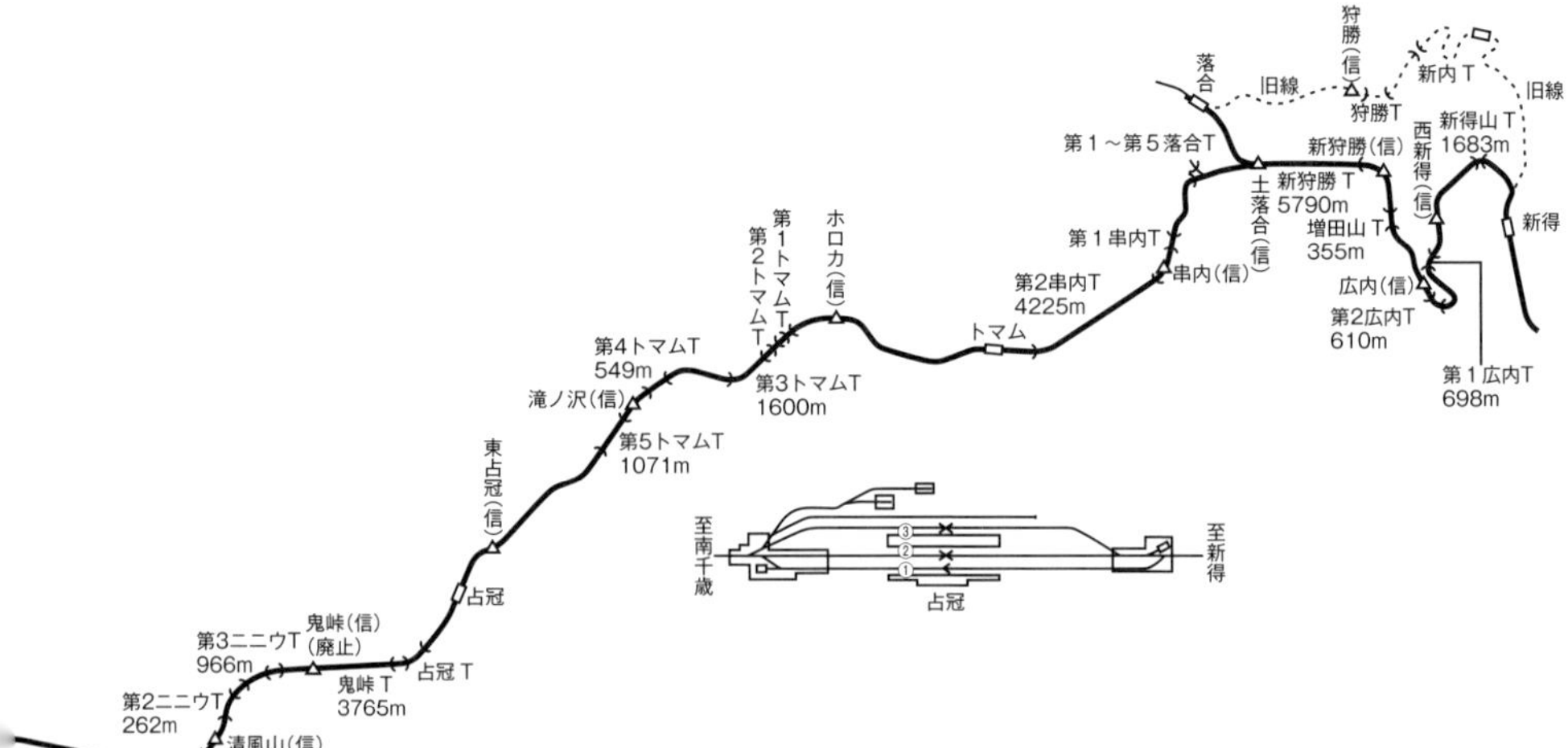

ペンケオロロップナイ分岐をやめて占冠で分岐して登川に向かうことにし、さらに登川―紅葉山間の登川線を改良目的で加えて紅葉山―占冠間だけを紅葉山線として昭和32年に調査線、41年8月に鉄道建設公団によって着工し、石勝線として開業した。

追分線と同様に乙線だが事実上の特甲線でありC線で建設された。

狩勝《かりかち》線は鉄道敷設法別表１４２の２「十勝国御影《みかげ》付近より日高国右左府《うさっぷ》を経て胆振国辺富内《へとうち》に至る鉄道」の起点としていた根室本線御影駅から新得駅に変更、占冠を経て富《とみ》内《うち》に向かうように変更して建設区間を占冠―新得間とした。さらに別表１４４の４「落合より串内付近に至る鉄道」のうちの落合―上落合信号場間を加えて根室線落合―新得間の線路改良名目で昭和41年に先行開業した。そして占冠―上落合信号場間は石勝線として開通している。

根室本線として開通した区間は最小曲線半径４００ｍ、最急勾配12・０‰の乙線規格になっている。とはいえ占冠―上落合信号場間は上落合信号場近くに半径６００ｍの曲線が２か所あるだけ、そのほかの区間は乙線であっても他と同様に事実上の特甲線規格のC線で建設された。

石勝線の開通で札幌―釧路間は営業キロが46・４㎞短く

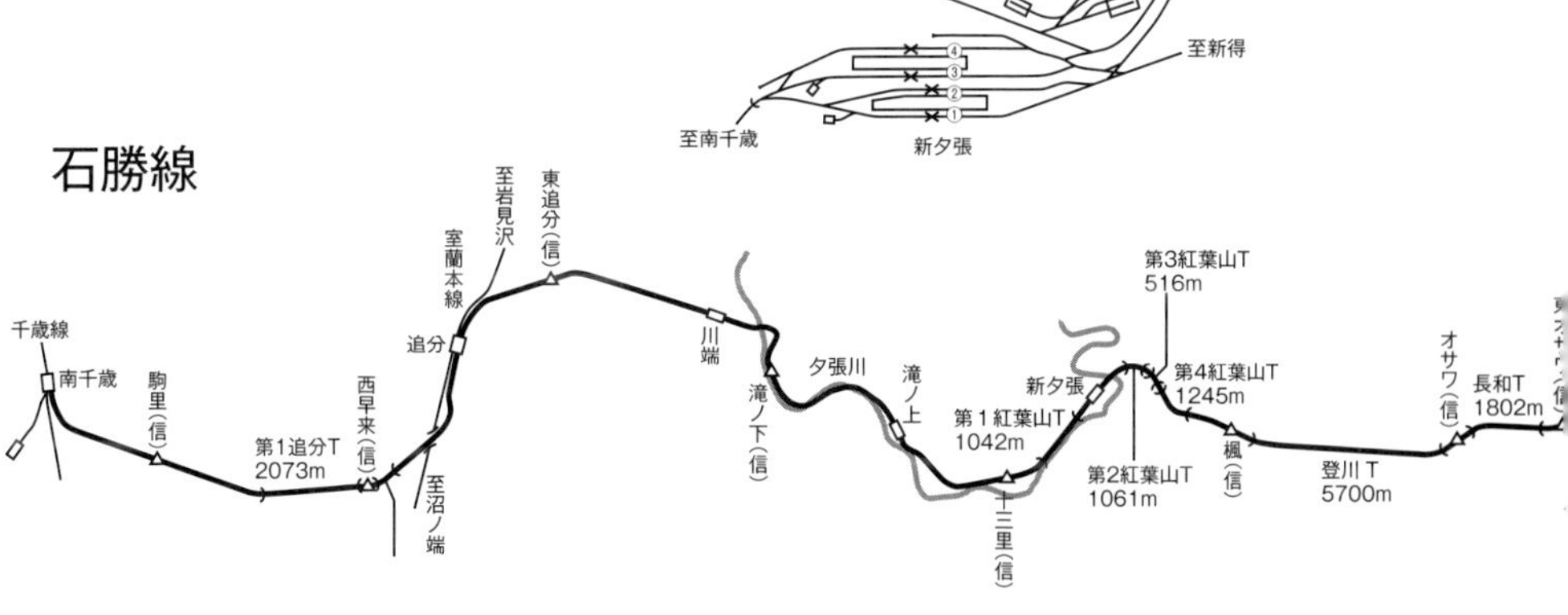

なり、最速の特急「おおぞら」は5時間58分かかっていたのが4時間59分と59分短縮した。

平成9年3月に行違駅や信号場では16番両開きポイントから20番の両開き弾性ポイントに取り換えて高速化改良を行い制御振り子気動車の261系を使用して130㎞運転を行って札幌—釧路間は3時間59分に短縮した。

弾性ポイントはポイント内の可動部分（トングレール）とそれに続くリード部分さらにはクロッシング部分を一体化して継ぎ目をなくして高速通過できるようにしたものである。トングレール部分をたわまわせて可動することから弾性ポイントと名付けられた。

石勝線の駅と信号場の上下本線の両開きポイントのほとんどは16番から20番の弾性ポイントに取り換えられて通過速度は80㎞から120㎞に向上した。

しかし、度重なる事故を起こし、現在は最高速度を130㎞から120㎞に下げ、空気バネ式車体傾斜装置付の261系に置き換えられてカーブ通過速度が下がり、現在の最速「おおぞら」は4時間1分になっている。

2分しか遅くなっていないのは、261系の高速域の加速性能の向上である。南千歳—新得間で281系を使用する「スーパーおおぞら」1号の所要時間は1時間24分だったのが、現在の261系使用の「おおぞら」5号は1時間22分と最高速度を10㎞下げても速くなっている。逆に言えば最高速度を元の130㎞に戻せば1時間20分を切る所要時間になると思われる。

ただし、各行違駅の多くは20番の両開き弾性ポイントなので通過速度は120㎞に抑えられている。最高速度を130㎞に引き上げても、多くの駅と信号場での通過速度は120㎞に落ちることになり、運転士はその都度、加減速をしなければならず面倒である。1線スルー化すれば130㎞で通過できるが、各駅の本線ポイントはすべてスノーシェルターに覆われており、スノーシェルターも改築しなければならず、高速化のとき16番から20番の両開き弾性ポイントに換えるしかなかった。

貨物列車は帯広貨物―札幌貨物ターミナル間が3往復、釧路貨物―札幌貨物ターミナル間が2往復（上りは釧路貨物駅で編成替え1本を含む）の計5往復が石勝線を走り抜ける。

このほかに下りは苫小牧貨物駅で吹田貨物ターミナルからのコンテナ貨物列車を編成組み替えで1本、上りは隅田川駅と吹田貨物ターミナル行の各1本が室蘭本線経由で追分―新得間を走り抜けている。

室蘭本線の苫小牧―追分間の普通列車は単行（1両走行）が多くて運転本数も1日8往復と少ない。複線は不必要に思えるが、長い編成の貨物列車が走行していることから単線化は各行違駅での行き違い有効長を長くする必要があり、それならば複線のままにしておくのがもっとも費用がかからない。ということで室蘭本線の苫小牧―追分間の単線化は行われていない。

南千歳駅

南千歳駅は石勝線開業したときは千歳空港という駅名だった。同駅から空港ロビーまで国道を跨ぐ連絡通路でつながっていたが、空港ロビーが移転した平成4年7月に新千歳空港ターミナルにつながる地下の新千歳空港駅までの空港支線が開通して南千歳駅に改称した。

千歳空港ターミナルは閉鎖されターミナルへの跨道橋は並行する国道36号を渡った歩道までは横断歩道橋代わりに残されている。といって渡ったとしても周囲にはなにもない。

空港支線が開通したため新千歳空港寄りの配線を変更した。千歳空港駅時代は島式ホーム2面4線で東端が1番線の千歳線下り本線（苫小牧方面）、西端が4番線の千歳線上り本線（苗穂方面）、2番線が中1番線、3番線が中2番線で石勝線列車の発着兼折返用だった。中1番線は追分寄りにまっすぐ進むと安全側線になっていて、その手前で中2番線への合流する渡り線があった。

　空港支線開通時に石勝線下り列車の中2番線は空港支線とつながり、中1番線の安全側線を石勝線本線につなげるとともに片渡り線をシーサスポイントに変更した。札幌寄りで下り本線の1番線から中1番線である2番線への渡り線、中2番線から上り本線の4番線への渡り線であるシーサスポイントはそのままにした。

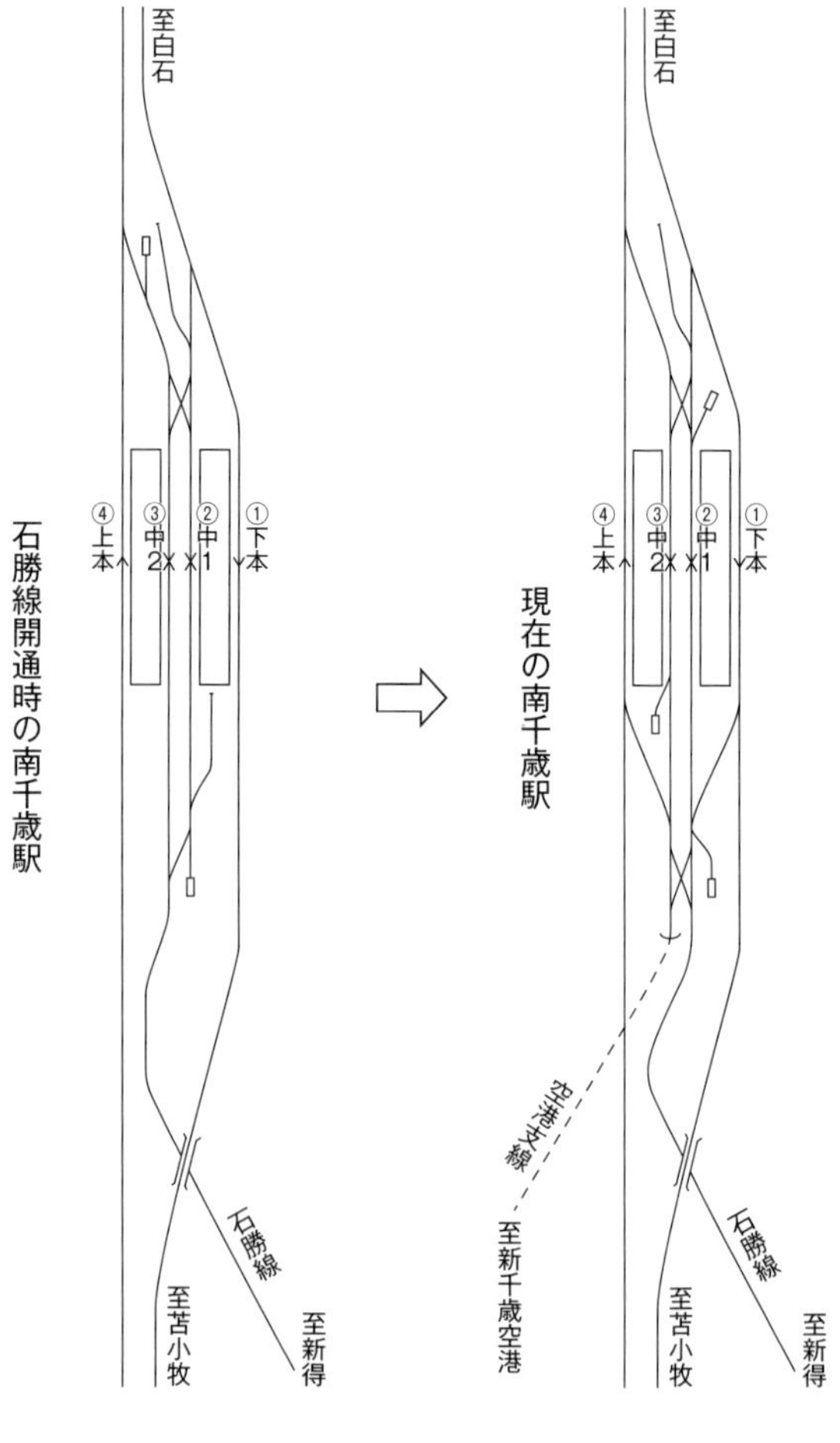

現在の南千歳駅
石勝線開通時の南千歳駅

　そして札幌発の快速「エアポート」は下り本線から中1番線を経て札幌方面にあるシーサスポイントを通って中2番線である3番線で発着、新千歳空港発の快速「エアポート」も新千歳空港寄りのシーサスポイントを経て中1番線である2番線で発着する。ようは上下の快速「エアポート」は南千歳駅の前後で転線して右側通行で発着するようにした。

千歳線の特急とともに石勝線の特急も下りは1番線、上りは4番線で発着するようにした。

こうすることによって千歳線・石勝線の札幌行特急から対面に停車する快速「エアポート」新千歳空港行に、帯広、室蘭方面の特急からも対面に停車する新千歳空港発の快速「エアポート」に同じホームで乗り換えができるようにした。空港利用客は大きな荷物を持っていることが多く、跨線橋を経て別のホームに階段で行って乗り換えることがないようにした。これによって利便性を高めた。

また、石勝線普通列車も快速「エアポート」と同様に右側通行で南千歳駅に停車して、

石勝線追分寄りから見た南千歳駅。左の線路は空港支線、両側に千歳線の上下線がある

札幌寄りから見た南千歳駅。新千歳空港発の快速エアポートは左側の2番線に発着して1番線で発着する釧路方面の特急や室蘭・函館方面の特急と同じホームで乗り換えができるようにしている

苫小牧発札幌行と追分方面行、または追分方面と札幌発苫小牧行普通と同じホームで乗り換えができるようにしている。ただしすべてがそうしているわけではない。

追分線の信号場と追分駅

石勝線の一部である追分線には駒里《こまさと》と西早来《にしはやきた》の2か所の行き違い用信号場がある。開通時、駒里信号場は片開き分岐の左側通行で上り線側が直線のスルー線で横取線がある配線をしていた。西早来信号場は下り線がスルー線の1線スルーの信号場で上り線に横取線がある。両信号場とも横取線のポイントを除き両端の本線ポイントは雪除けのシェルターで覆われている。高速化のときに駒里信号場のポイントは弾性ポイントに取り換えられた。

石勝線が開通前の追分駅は室蘭本線と夕張線の分岐駅で石炭輸送の貨物列車の仕訳拠点で扇形車庫がある機関区もあった。

ホームは片面と島式が各1面で片面ホームに面しているのが夕張線旅客発着用の1番線、そ

右：2番線から札幌方面を見る。札幌方面からの快速エアポート新千歳空港行は2番に入らず、シーサスポイントを渡って3番線に入り、4番線に停車する釧路方面や室蘭方面の特急と同じホームで乗り換えができるようにして新千歳空港に向かう

右下：南千歳駅の4番線に進入する空気バネ式車体傾斜車両を使う261系「とかち」帯広発札幌行

下：1番線から発車した普通新夕張行。右のトンネルが新千歳空港への空港支線

の次にホームに面していない中線の2線があり、2、3番の線路番号になっている。2番線が夕張線から室蘭本線への上り貨物着発線、3番線が室蘭本線の岩見沢方面から苫小牧方面へ向かう上り貨物着発線、そして4番線が島式ホームの内側に面した室蘭線上り旅客発着線、島式ホームの外側が5番線の室蘭本線下り旅客発着線である。その向こうに下り室蘭線・夕張線の貨物着発線である2線の6、7番線がある。1~7番線が本線、副本線である。発着線は旅客列車、着発線は貨物列車に対する言い方である。

その先に側線の下り仕訳《しわけ》線群が9線ある。苫小牧寄りに下り入換2番線があって、到着

西早来信号場を高速通過する特急「スーパーおおぞら」。現在、使用車両の281系は全車廃車されて261系に置き換えられている

駒里信号場は1線スルー構造で両端のポイント部分はスノーシェルターで覆われている。片開きポイントの直線側は弾性ポイントになっている。クロッシング部分とリード部分、トングレール部分が一体化しているのがわかる

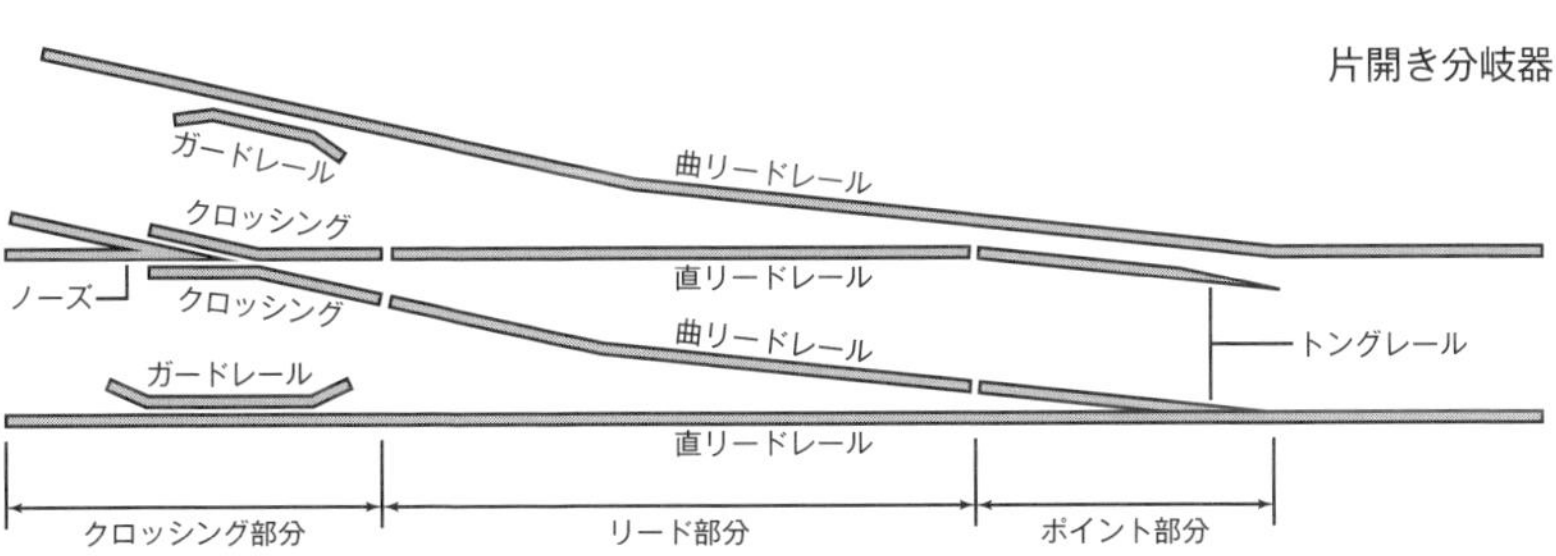

通常の片開き分岐器はクロッシング部分、リード部分、トングレール部分が別々になっているため継目のところで車輪はショックを受ける

した貨物列車は着発線からこの入換線に入って、各仕訳線に突放《とっぽう》あるいは入換機関車によって貨車を送り込んでいく。仕訳とは貨物列車に連結している各貨車をバラバラにして方面別に貨物列車を組成しなおすことである。

「仕分け」と書かずに「仕訳」と書く。鉄道用語は一般用語を踏襲せずに独特な言い回し、書き方をする。「仕訳」は典型的な鉄道用語の一例である。

電気機関車やディーゼル機関車が普及する前は、機関車といえば蒸気機関車のことである。電気機関車などが普及すると蒸気機関車は蒸機、電気機関車は電機と言っていた。当時ＳＬの用語はあったものの、国鉄の主として事務管理者だけが使っていて、現場は蒸機とか釜《かま》と言っていた。

ともあれ仕訳が終了して新しく組成された貨物列車は下り入換線１に入ってから、各着発本線に入線して発車を待つ。

入換線とは仕訳前あるいは仕訳後の貨物列車、あるいは車庫や発着線との間を出入する客車列車を一時的に留置する線路である。突放とは連結器を解放した貨車を入換機関車が押していきなり停車、つまり突き放して、貨車だけが所定の仕訳線に入るものである。数両の貨車をまとめて仕訳線に入れる場合は入換機関車によって押し込まれる。

１番線に面した駅本屋（駅長室がある建屋）の苫小牧寄りには７線の上り仕訳線群がありその向こうに上り入換線と機待《きまち》線がある。機待

石勝線開通前の追分駅

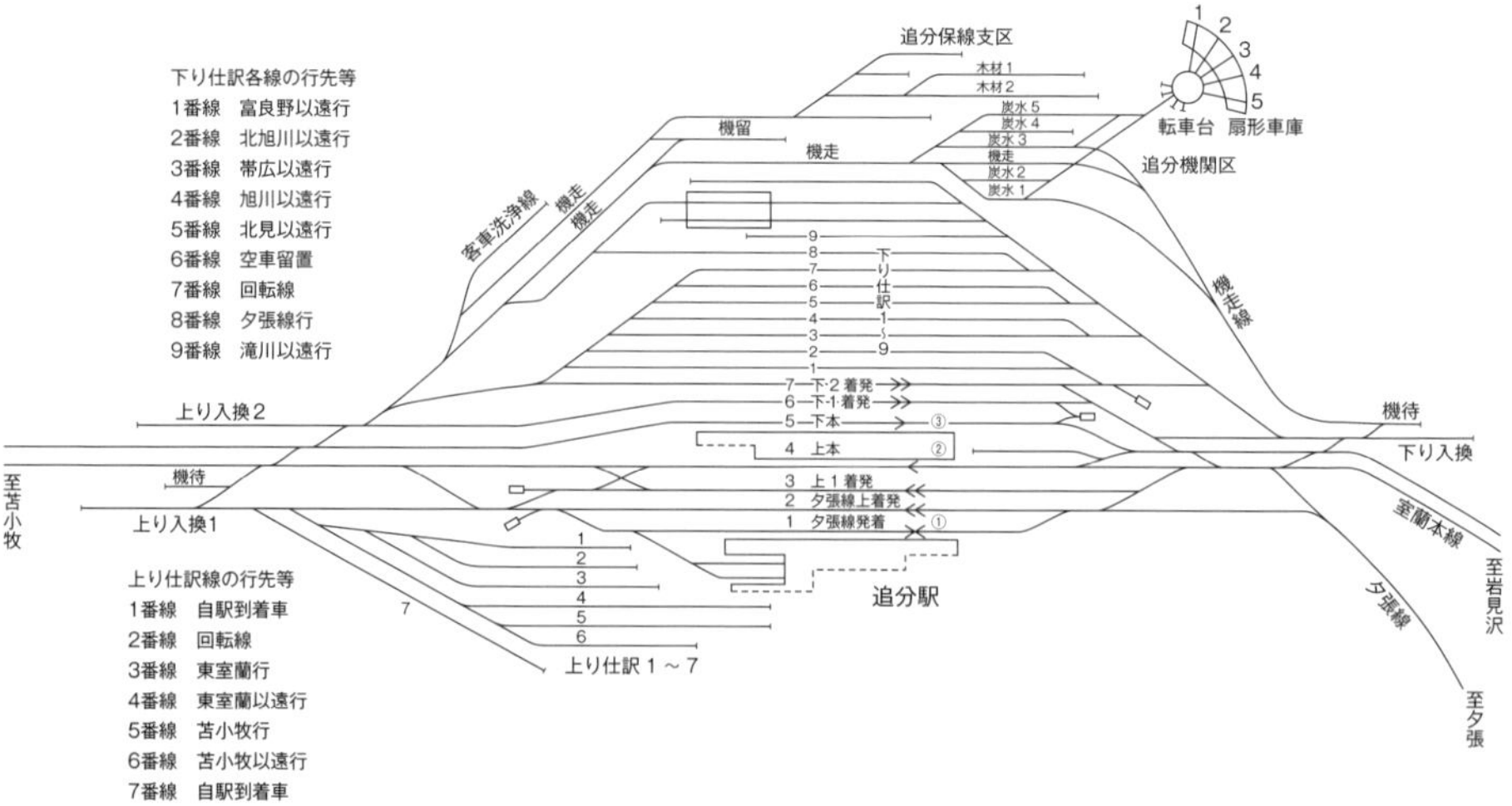

線とは機関車が待機する線路のことである。入換線は1線だけしかなく、仕訳前も仕訳後もこの入換線経由で着発線と出入りする。

上り入換線2からは機走《きそう》線が分岐している。機走線とは機関車が走行する線路のことである。追分駅の機走線は多数の機関車が行き来するので複線になっている。2線の機走線の片方は機関庫へ、もう片方は仕訳線を束ねた線路を経て下り入換線につながっている。

機関庫への機走線は炭水線1～5の5線と石炭線が分岐する。炭水線とは石炭と水を蒸気機関車へ補給するもので、石炭線は石炭を補給する線路である。その先に転車台と5機の機関車を収容する扇形《せんけい》車庫があるとともに機走線は岩見沢寄りの機待線につながっている。苫小牧寄りの機走線からは保守基地への線路も分岐していた。

これが石勝線開通前の蒸気機関車花盛りのときの配線だった。昭和50年12月14日にC57１３５号機による国鉄最後の蒸機牽引の旅客列車が室蘭本線を走って蒸機旅客列車は消滅した。続いて24日に夕張線を走っていたD51牽引の蒸機貨物列車も消滅、51年3月2日に追分構内で仕訳貨物入換用の９６００形（96＝キュウロク）も引退して、国鉄の線路から蒸気機関車は消えてしまった。さらに4月13日に扇

通過線になった追分駅の２番線を通過する特急「スーパーおおぞら」

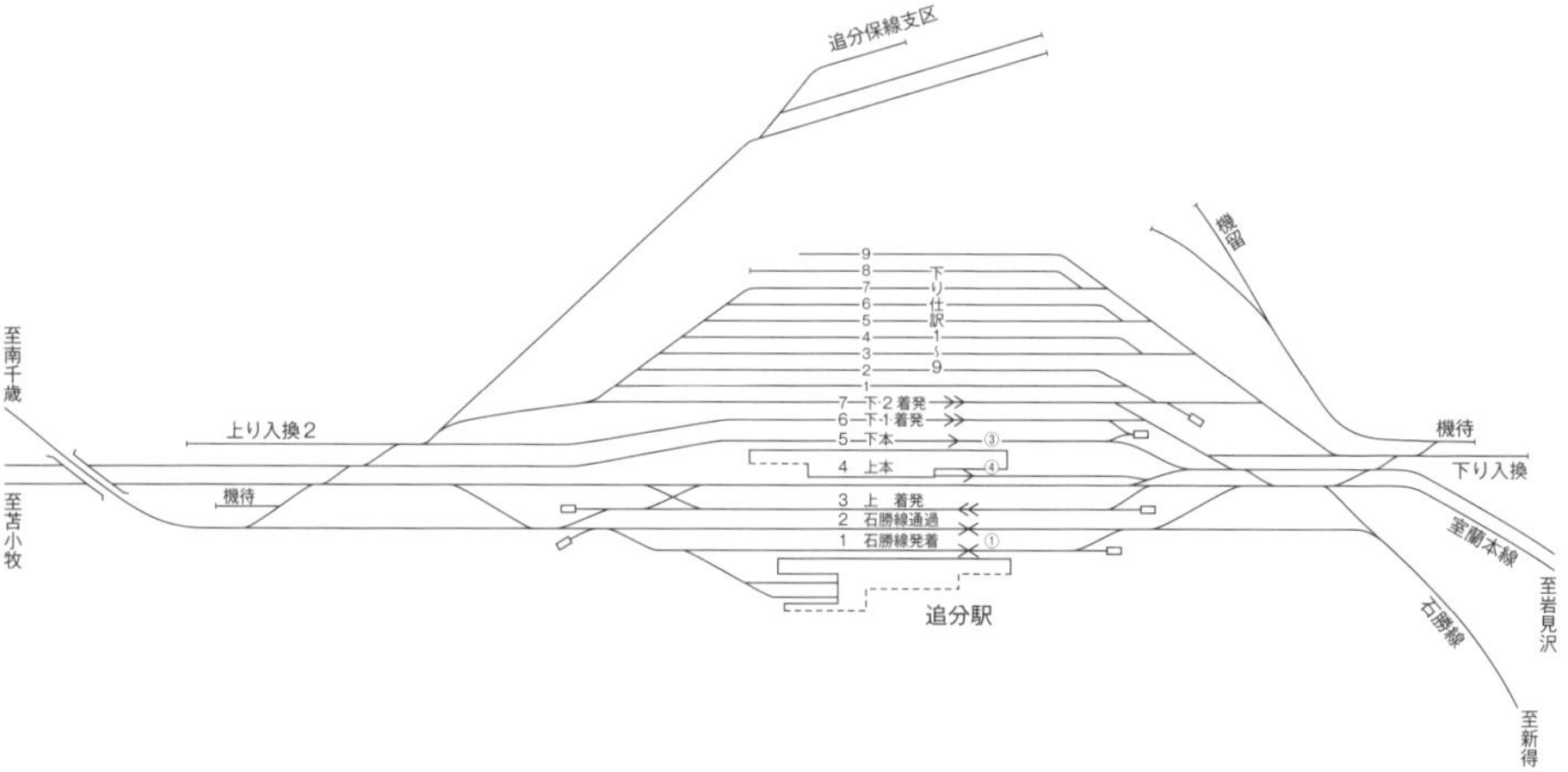

跨線橋から新得、岩見沢方を見る

形車庫が焼失しそこに保管されていたキュウロクを含む蒸気機関車も損壊してしまった。

ただしC57135号機は埼玉大宮の鉄道博物館に、D51320号機は追分駅がある安平町の「道の駅あびら」内の鉄道資料館に保存展示されている。

石勝線開業時に夕張線を石勝線に転用するために2番線を特急が通過する通過線にした。1番線は石勝線の上下副本線に変更した。このため南千歳駅からは室蘭本線をオーバークロスして2番線に入るようにしている。3～7番線の本線はそのまま使われ、また島式ホームの岩見沢寄りに普通列車の折り返し発着用の切り欠きホームの4番線が設置された。下り仕訳線は上下仕訳線に変更して上り仕訳線群は撤去、機関区は焼失したため撤去し、岩見沢寄りの機走線をディーゼル機関車の機関庫、苫小牧寄りの機走線等は保守基地にした。

そして現在は石炭採掘の中止によって追分駅での石炭貨物列車は廃止されて室蘭本線から石炭貨物列車は消えてしまった。また、貨物列車の仕訳作業は廃止され、石勝線を走り抜ける直行貨物列車のみになってしまった。

仕訳線群は空き地になってしまい。6番線は貨物列車が特急を待避するための上下着発線になり、1番線は上下石勝線発着用（主に特急）、2番線は上下石勝線通過用、3番線は撤去、4番線（2番乗り場）と5番線（3番乗り場）は室蘭本線と石勝線普通の上下発着用、切り欠きホームの4番線は折返用（主に到着待機用）にするという簡易な配線になってしまった。新得保線区追分支区を拡張整備した追分保守基地が置かれている。

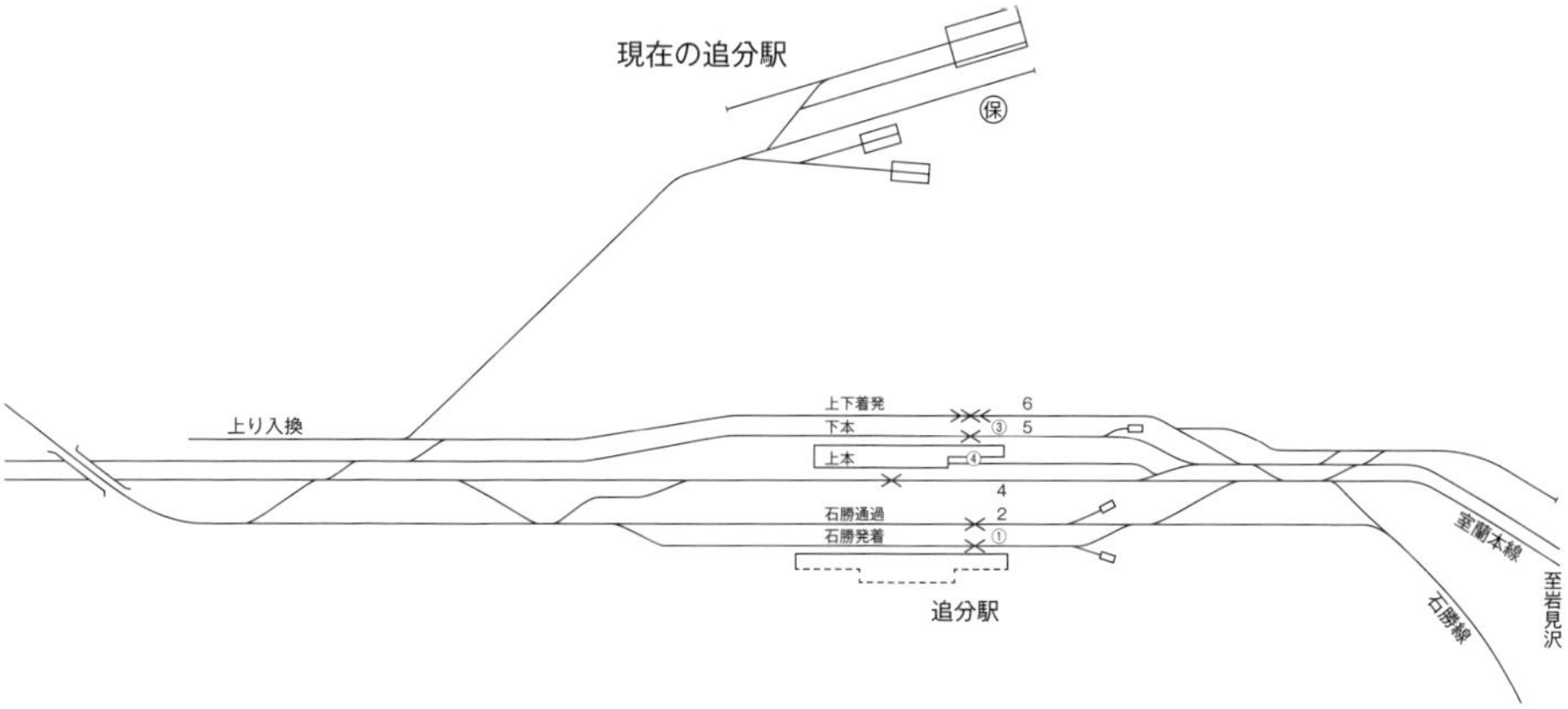

追分―新夕張間

途中の駅は川端《かわばた》と滝ノ《たきの》上《うえ》の2駅しかないが、夕張線時代は追分―川端間に東追分駅、滝ノ上駅の新夕張寄りに十三里駅があった。石勝線として整備されたときに川端―滝ノ上間に滝ノ下信号場が新設された。

平成28年3月に東追分駅と十三里駅は信号場に格下げされた。しかし、ホームはそのまま残っている。

川端駅と滝ノ上駅は下り線が片面ホームに面しているJR形配線で島式ホームの内側が

跨線橋から南千歳、苫小牧方を見る

かつての仕訳線群があったところは空き地になっている。左側の線路群は新得保線支区を拡張整備した保守基地である。これを機関区跡としている記述がときおり見られるが、機関区は保守基地の奥にある「ら・ら・タウン」公園とその西側に広がっている住宅地あたりにあった

下り本線、外側が下り1番線で両方向に出発できる。滝ノ上駅は上下本線の間隔が広く、貨物待避線の中線が設置できるようにしているが、石勝線開通以来、中線の設置はなされていない。

石勝線開業時には新夕張駅は島式ホーム2面4線と下りホームの夕張寄り北側に切り欠きホームの0番線、その向こうに貨物仕訳側線があったが、切り欠きホームとともにそれらはすべて撤去され、さらに夕張支線の廃止によって、下り線側の3、4番ホームは使用停止になって閉鎖されている。

切り欠きホームの４番線は石勝線開通時に機留線を延伸して設置された

追分駅の南側で石勝線（上）と室蘭本線（下）が立体交差する。複線の室蘭本線より単線の石勝線のほうが運転本数が多い

東追分駅の両開きポイントはリード部とトングレールが一体となった弾性ポイントになっている

川端駅はＪＲ形配線をしている

滝ノ下信号場の追分寄りは20番振り分け弾性ポイントで下り線側が緩くなっており、特急は120㎞で通過する

通常は1番線で上下特急は停車をし、特急同士の行き違いをするとき下り特急が2番線に停車する。また普通列車は2番線で折り返している。

新夕張—新得間

占冠とトマムの2駅しかないが、行き違い用の信号場は新夕張—占冠間に楓、オサワ、東オサワ、清風山《せいふうざん》4か所がある。開業時には鬼峠《おにとうげ》トンネル内に1線スルーの鬼峠信号場があった。廃止したものの線路は残っている。占冠—トマム間では東占冠、滝ノ沢、ホロカ

滝ノ上駅はJR形配線だが、上り線側に島式ホームがあり、外側が上り1番副本線になっている。また、上下本線の間に貨物待避用の中線が敷設できるよう準備されている

相対式ホーム2面2線の十三里駅

の3か所、トマム—新得間では串内《くしない》、上落合、新狩勝、広内《ひろうち》、西新得の4か所がある。

楓信号場は平成16年3月まで旅客駅だった。石勝線開業時は楓駅折返の普通列車が6往復運転されていた。楓—新得間は特急しか走らないために、同区間に限って乗車する場合は料金なしで利用できるものの、楓駅に特急は停まらない。このため楓駅から新得方面に行く場合は新夕張駅まで戻って同駅から新得駅までの特急乗車が認められていた。

楓駅は最終的に平均乗降客が一人（高校通学生一人）だけになっていたため、休日の運転はなくなり、平日に1往復だけの運転になった。通学生が卒業した平成16年3月に信号場に格下げされた。

開業時には相対式ホームと上下線の間に貨物待避線、それに楓駅折返用の線路と片面ホームがあった。相対式ホームは使われたことが一度もなく、貨物待避線も廃止された。貨物待避線の新得寄りのレールは残され、楓折返線とともに保線用の横取線に使用されている。

右：新夕張駅に進入する特急「とかち」帯広行
右下：新夕張駅の駅前広場には旧駅名の紅葉山の駅名間標が置かれている
下：新得寄りから見た新夕張駅。夕張支線が廃止後は左側の1、2番線しか使用されなくなった

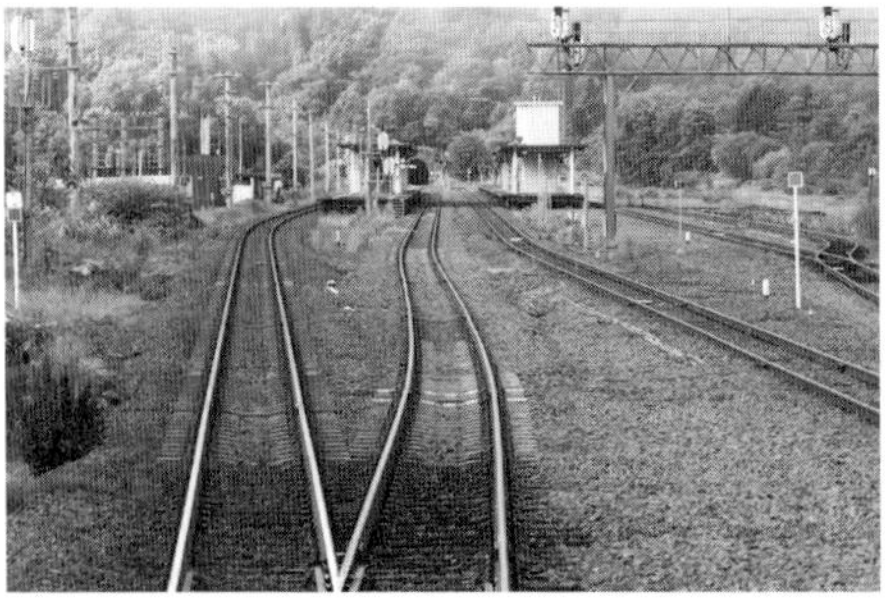

なお、折返線の出発信号機は横向きにされて使えなくなっているものの残されている。

楓信号場をはじめ、次の上落合信号場を除く各信号場と占冠駅、トマム駅の上下本線の分岐は20番弾性ポイントなので通過速度は１２０㎞である。

次にオサワ、東オサワ、清風山の三つの信号場が置かれている。オサワ信号場は行き違い用、東オサワ信号場は行違線のほかに貨物待避線の中線が置かれていたが、中線は下り線とのポイント撤去している。上り線とのポイントはそのままにして横取線として使用されている。清風山信号場は下り線から分岐する横取線がある。その先鬼峠トンネル内に一

楓信号場の跨線橋から南千歳方を見る。旅客駅時代の普通列車折返用のホームと線路が右に残っている

同新得方を見る。上下本線にもホームが設置されているが定期列車が停車して扉を開けたことは一度もない。中央にあった貨物待避線は撤去されている

線スルーの鬼峠信号場があったが廃止されている。ただし片開き分岐の上り線は残っている。

　占冠駅はJR形配線をしているが、片面ホームに面した1番線は上り1番副本線で上り特急が停車したり上り貨物列車が待避したりする。島式ホームに面した2番線が上り本線、3番線が下り本線だが、両発着線とも両方向に出発でき、20番弾性ポイントの片開きポイントで3番線が分岐している。2番線からは片開きポイントで1番線も分岐する
　次に行き違い用の東占冠信号場、下り線から分岐している横取線がある滝ノ沢信号場、その先のホロカ信号場は貨物待避用の中線があるが、使用停止している。

　トマム駅は相対式ホームで新夕張寄りに引上線が1線置かれている。特急が停車するときには、駅前広場に星野リゾートトマムの送迎バスが駐車している。

　貨物待避用の中線がある串内信号場があるが、この中線は使用停止中である。

　延長5790mの新狩勝トンネル内に根室本

右：オサワ信号場の新夕張寄りシェルター内。同信号場を含む上り線の安全側線のポイントは乗り心地を考慮して乗り上げ式
右下：東オサワ信号場の中線の新得寄りは撤去して横取線に流用されている
下：清風山信号場は道東自動車道と交差している

占冠駅を発車する特急「スーパーおおぞら」。現在は 281 系から 261 系に置き換わり、列車名も「おおぞら」と「スーパー」をはずした

駅の跨線橋から新夕張方を見る

同、新得寄りを見る。JR 形配線をしているが、島式ホームの内側の線路の２番乗り場が高速通過用の上下本線、外側の３番乗り場が下り１番線、片面ホームに面している１番乗り場が下り１番線、下り１番線の隣に側線と保守基地がある

東占冠信号場の新得寄りを見る。上下線が右カーブしながらスノーシェルターに入り、下り線が直線になったところで上り線が分岐し合流している。下り線がスルー線の1線スルーになっている。このため上下線とも両方向に出発信号機がある

滝ノ沢信号場の新得方を見る。上下本線とも両方向に出発信号機があり、下り線側に横取線が置かれている

ホロカ信号場には上り本線から分岐する貨物待避用中線があるが、出発信号機は横向きにされて使用停止中

線と合流する上落合信号場がある。同信号場は根室本線側が待避線の1線スルータイプである。

根室本線との共用区間に入って南下、途中に広内信号場がある。同信号場の上り線から貨物待避用の上り1番線が分岐している。勾配を緩くするために大きく左曲がって北上する。途中に行き違い用の西新得信号場がある。同信号場の上り本線から横取線が接続している。

相対式ホームのトマム駅を発車した「スーパーおおぞら」札幌行

トマム駅の釧路方を見る

トマム駅の南千歳方には引上線が置かれている

串内信号場の積雪の中を通過する「スーパーほくと」。同信号場も下り本線から分岐する中線があるが、使用停止中なので除雪されていない

右：新得寄りから見た上落合信号場。一線スルーになっており待避線側が根室本線に接続している
右下：広内信号場は根室本線のバイパス線として先に開業したためか、貨物待避線は上り１番線（写真の右端の線路）になっている。右奥に少し見えるスノーシェルターは下り本線の安全側線のためのもので、その奥に両側分岐ポイントのスノーシェルターがある
下：西新得信号場のスノーシェルターは形状が少し他とは異なる

新得駅の配線

新得駅はＪＲ形配線に加えて島式ホームの向こうに2線の仕訳線と客車留置線があった。仕訳線は函館行の青函連絡船航送貨物列車用の上り本州線と滝川方面の上り道内線があった。その向こうに扇形車庫付の機関区と保線支区があった。片面ホームの下り本線の外側に一般貨物留置線２線と自衛隊車両留置線１線、雑貨積卸線２線があった。

なお、航送とは列車が連絡船内の線路に入線して列車ごと運ばれることをいう。日本では貨物列車の航送は行われていたが、旅客列車の航送は船内で乗客が乗降できるホームが必要だといったことや安全性にも問題があったので、ためらわれていた。昭和10年になって宇野―高松間の宇高連絡船で旅客列車の航送を行おうとしたが戦時となってついに実現しなかった。

海外では旅客列車の航送は現在でも行っている。有名なのはドイツのハンブルグとデンマークのコペンハーゲンを結ぶ、通称「渡り鳥ルート」である。ドイツ・プットガルデン―デンマーク・ロビュー間がフェリーに積み込まれて航送される。

ともあれ根室本線が新線の狩勝線経由となり、残った

石勝線開業前の新得駅

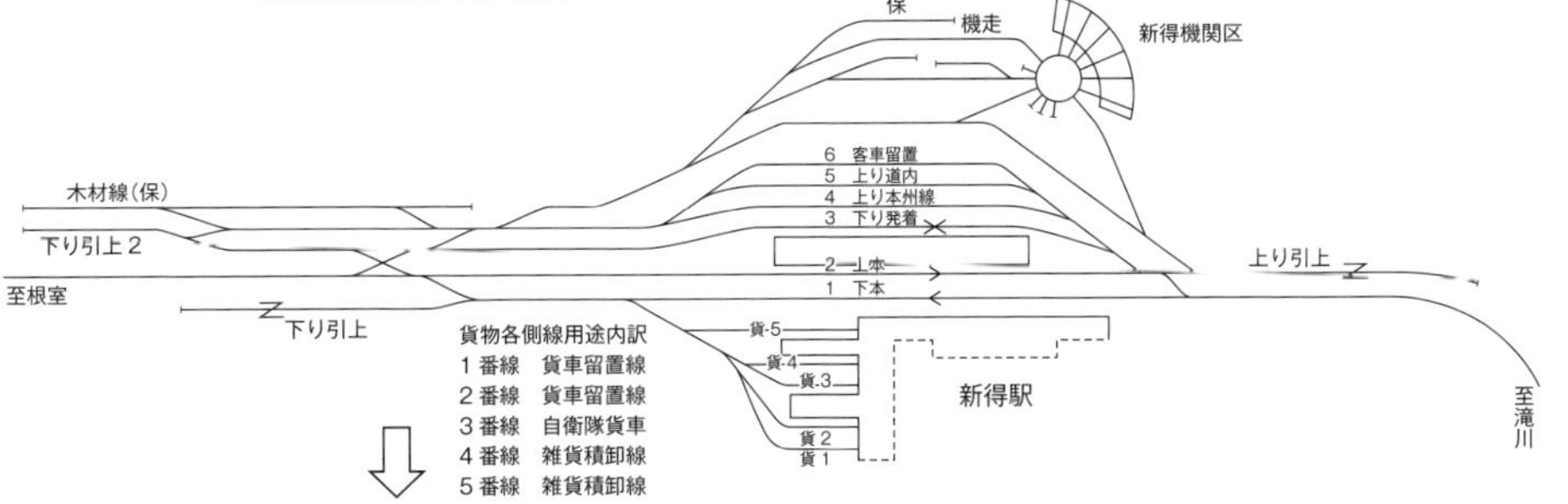

現在の新得駅

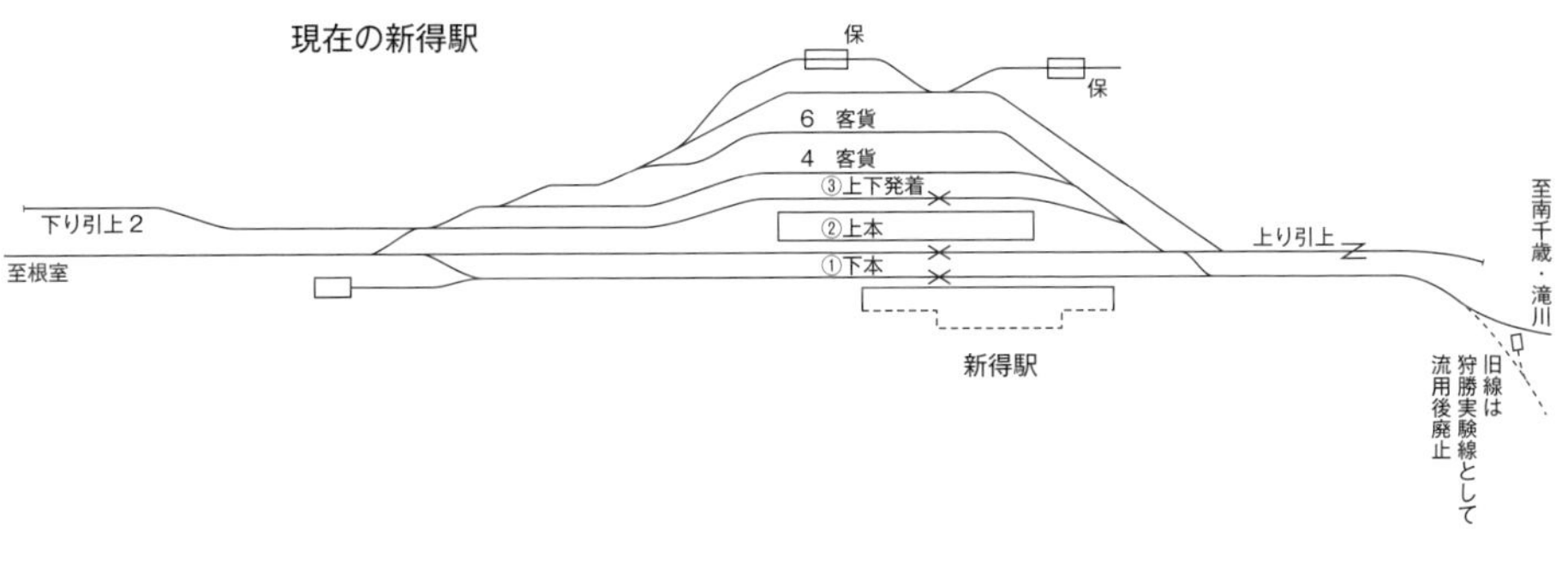

旧線は狩勝実験線となった。当時、問題になっていた貨物列車の競合脱線現象の解明や列車火災のメカニズムの研究のための実験線として新得駅付近の線路は残された。

現在はJR形配線部分についてはそのままだが、気動車留置線（気留線）が島式ホームの外側に2線と保守用側線があるだけの簡素な配線になっている。

新得町は鉄道の街といわれていた。新得機関区があるだけでなく狩勝実験線での試験のために国鉄の多数の技術者が訪れていたので、駅前に多数の旅館があって賑わっていた。

狩勝実験線は廃止されたが、盛土路盤や橋梁、それに新内駅跡は20系寝台客車が荒れ果てて残されていた。今の新得町は観光と酪農の街である。そのために、新内駅とともに修復され、新たに線路が敷かれて手作り車両を走らせている狩勝高原トロッコ鉄道としてオープンされている（冬季は休業）。

ドイツ・プットガルデン港に着岸したフェリーから出てきた「渡り鳥」と称される航送列車。ドイツ高速新線で200km/h走行可能な気動車のICE－TD系をデンマーク国鉄が譲受して使用している

南千歳寄りから見た新得駅

新得駅の跨線橋から南千歳寄りを見る。旧線を流用した狩勝実験線の分岐はもっと奥にあった

釧路寄りから見た新得駅

智頭鉄道の高速化

鉄道建設公団の建設線は国鉄の経営悪化で、国鉄が引き受けて運営するわけにはいかなくなってきた。国鉄の分割民営化後に誕生したＪＲも同様に引き受けなかった。地元自治体などがどうしても開業したければ第３セクター鉄道が運行することになった。

国鉄再建法が成立した昭和55年に鉄道建設公団が建設していたＡＢ線（Ａ線は地方交通線、Ｂ線は地方幹線）を主体とする国鉄新線の建設工事は凍結された。しかし、地元の開通要望も強く、「地方交通事業者」によって運営できるようにした。

とはいっても純然たる私鉄である地方交通事業者が引き受けることはなかった。ただし国鉄が指定した特定地方交通線にあたる路線の中で、弘南鉄道が国鉄黒石線を、下北交通が国鉄大畑《おおはた》線を引き取った。とはいえ、この２線はすでに開通していた路線である。しかし、引き取ったものの、赤字が続いて結局は廃止されている。

岩木信号場を通過する「スーパーはくと」

それでも開通を待望していた路線は多い。そこで各路線について、第３セクター会社（公共企業体と私企業が共同出資した株式会社）を設立して工事再開をするようにした。

そのなかで高速化さえすれば非常に役立つ路線も結構あった。まずは鉄道敷設法の別表85の「兵庫県上郡《かみごおり》より佐用《さよ》を経て智頭《ちず》に至る鉄道」があった。

国鉄は工事線名を智頭線として昭和36年に調査線、37年に工事線に昇格させた。昭和39年に鉄道建設公団が発足して同公団が建設を引き継いだ。京阪神地区から鳥取地区への最短コースになることから地方幹線のＢ線として41年に着工した。Ｂ線ではあるが線路規格は乙線とし、最小曲線半径３００ｍ、最急勾配20‰とした。

着工時の計画では上郡駅から智頭線分岐点の５００ｍは山陽本線の線路と共用する。姫《き》新《しん》線に山脇信号場を設置してここから佐用駅までも姫新線と共用する。さらに智頭駅では因美《いんび》線と共用することにしていた。また、最高速度は95㎞とし気動車を走らせるとしていた。

工事凍結時の進捗率は用地取得が95％、完成路盤が30％、軌道敷設が10％という状態だった。工事再開にあたって、共用区間はなくしてすべて別新線にする変更を行った。さらに

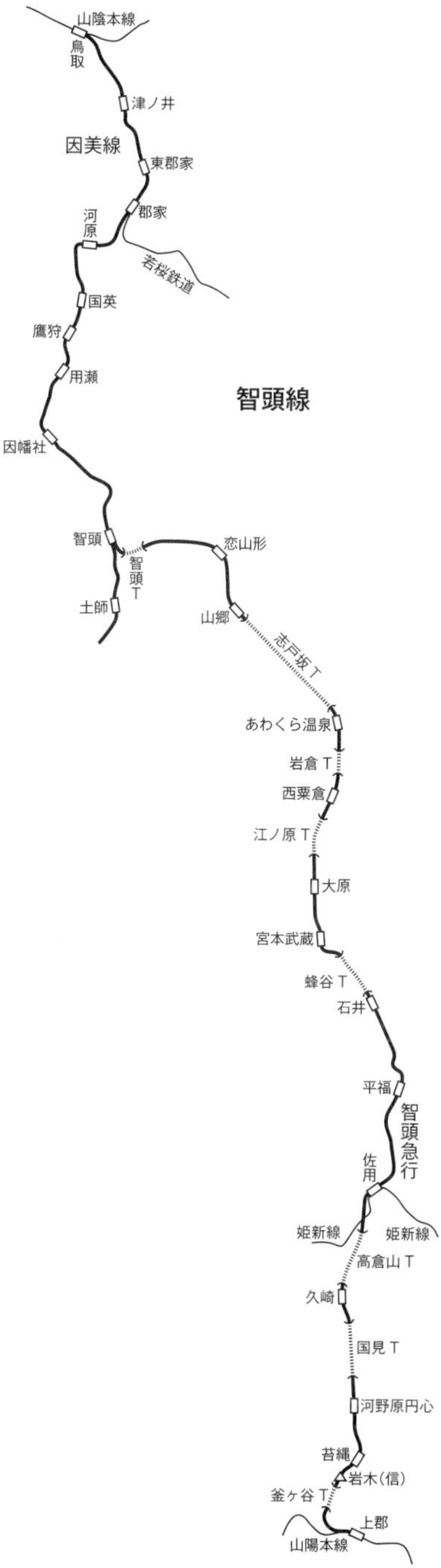

地元の兵庫県と鳥取県は電化して最高速度を１６０㎞にすることを要望した。しかし、国と自治体が電化と１６０㎞化の建設費を捻出できるほどの予算はなかった。智頭線以外を走行するＪＲ西日本の因美線の電化もＪＲ西日本が消極的だった。

その結果、気動車を走らせることにして、最高速度については１３０㎞に減じた。しかし、智頭線は普通列車だけによる最高速度95㎞で走ることを前提に設計されており、片開き分岐器では直線側が85㎞、両開き分岐器では50㎞制限を受けるポイントを採用する予定で工事を進めていった。さらに山岳線のために最小曲線半径３００ｍ、最急勾配26‰になっていることから１３０㎞走行区間はわずかしかなかった。

そこで両開き分岐器を採用する予定だった仮称河野原（開業後は河野原円心）駅と久崎《くざき》駅を１線スルー化して直線側の通過速度を95㎞にできるポイントに変更する。片開き分岐器を採用している岩木信号場と平福《ひらふく》駅、佐用駅、大原町（開業後は大原）駅、影石（同あわくら温泉）駅、因幡《いなば》山形（開業後は恋山形）駅も同様に１線スルー化して

１線スルーになっている行き違い用の岩木信号場。弾性ポイントになっている

基本的に１３０㎞で通過できるようにした。

さらに四国の２０００系と同タイプの制御付振り子気動車を採用することでカーブ通過速度を15~30㎞向上させ、急勾配区間での登攀力、下り勾配制限の向上をさせて１３０㎞走行区間を増加させた。

その結果、上郡―智頭間の所要時間は国鉄が製造した当時としては高出力の１８１系特急気動車の１３０㎞運転のシミュレーションでは、下り列車は46分30秒だったのが、ＪＲ四国の振り子電車２０００系を使用し１線スルーなどの線形改良したことを前提のシミュレーションでは、下り列車は35分０秒と11分30秒、上り列車は47分15秒が36分０秒と11分15秒の短縮をするという結果がでた。

このとき電化をして当時の振り子電車３８１系による最高速度１３０㎞と１６０㎞でのシミュレーションもなされた。１３０㎞運転では下りで33分45秒、上りで34分15秒、１６０㎞運転では下りで30分45秒、上りで31分30秒という結果だった。

河野原円心駅はもともと両開きポイントによる行違駅にする予定だったのを緩いカーブで右に振って、そこから待避線が分岐する一線スルー化をした。限られたスペースでの一線スルー化なので、スルー線であっても95㎞の速度制限を受けている。待避線は45㎞制限

久崎駅もスルー線は 95㎞制限を受けている

久崎駅の待避線から智頭方を見る

３８１系による１６０㎞運転だとさらに５分程度短縮する。しかし、高速化費用の試算は、非電化による１３０㎞運転では16億円、電化による１３０㎞運転では68億円、電化と１６０㎞運転をすると１１６億円と試算された。これは智頭線だけの高速化であり、智頭―鳥取間の因美線の電化も必要になる。

費用対効果では非電化１３０㎞がもっとも得策だと

上郡寄りから見た佐用駅。右の線路は姫新線。大きくカーブしているので姫新線のホームは見えない

久崎駅のスルー線を通過する「スーパーいなば」

いうことになって、非電化高速化が決定、昭和61年5月に智頭鉄道株式会社が設立され、62年1月に工事を再開、平成4年3月に高速化工事を着手した。

完全1線スルーの平福駅

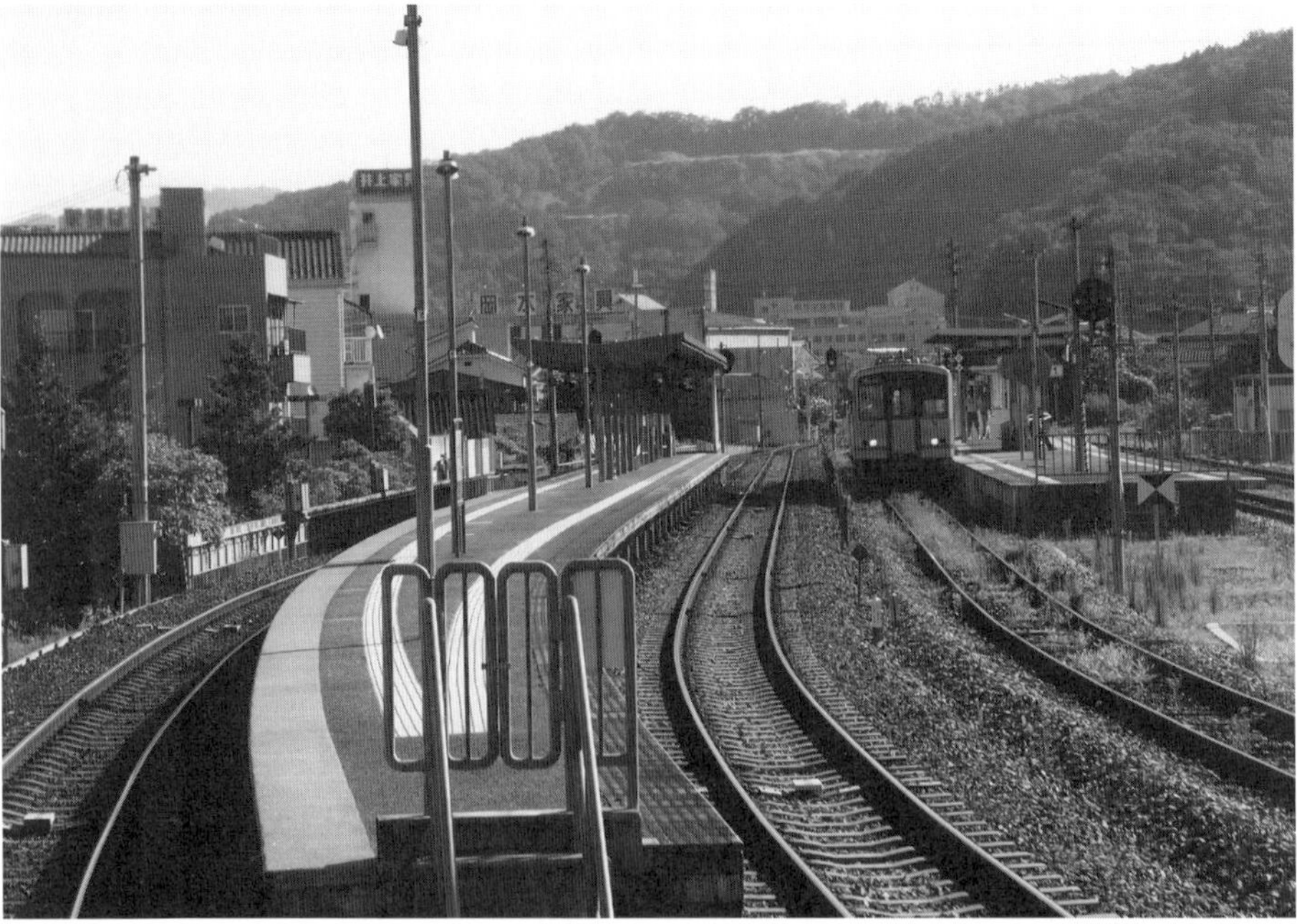

作用駅智頭線ホームは「スーパーはくと」が停車するので長く、姫新線は3両編成ぶんしかなく短い

普通同士の行違いは左側通行で行う

大原駅はJR形配線になっていて、通常中線とされる２番線が上下本線のスルー線、左側の１番線が上り１番副本線でホームは短い。右の３番線は上下副本線で行き違い待ちをする「スーパーはくと」が停車するので長いホームになっている

大原駅から智頭方を見る。大原駅には車庫が併設されているので、右側に入出庫線が分かれている

1線スルーのあわくら駅

あわくら駅で下り「スーパーはくと」がスルー線に運転停車して、上り「スーパーはくと」が待避線に入って通過している。特急同士の行き違いでは左側通行をするのが原則になっているが、普通との行き違いでは上り特急が右側通行をするので通過する上り「スーパーはくと」は速度を緩めなくてすんでいる

恋山形駅の智頭寄りは左に大きくカーブしているので、スルー線の制限速度は 125㎞になっている

智頭寄りから見た恋山形駅

佐用寄りから見た智頭駅。智頭急行の智頭駅折返はまっすぐ進んで頭端島式ホームで発着する。JR線直通列車は左に転線してJR線のホームで発着する

鳥取寄りから見た智頭駅。左奥に下り「スーパーはくと」が入線しようとしている

智頭駅から鳥取方を見る

ＪＲ線の高速化

大阪―鳥取間を智頭線経由にするには東海道山陽線の大阪―上郡間の１３０㎞運転と因美線の智頭―鳥取間の高速化も必要である。

東海道山陽線は１２０㎞運転を実施していた。これを１３０㎞運転にすることが考えられたが、時期尚早ということで見送られた。１２０㎞運転で大阪―上郡間の所

山陽本線の上下線の間を通って立体交差で智頭線が右に分かれていく

岡山寄りから見た上郡駅。切り欠きホームが智頭急行の普通の発着ホーム。その右の３番線は京都発の「スーパーはくと」倉吉行が通って智頭線に転線する

姫路寄りから見ると JR 形配線になっている

上郡駅から智頭・岡山方を見る

切り欠きホームに停車中の智頭急行の普通大原行

JR 2、3番ホームと智頭急行のホームの間には中間改出札口がある

要時間は三宮、西明石、姫路停車で1時間21分45秒（各駅の停車時間は30秒とする）である。

乙線である因美線の最高速度は85㎞と低かった。智頭―鳥取間での行違駅は用瀬《もちがせ》、郡《こお》家《げ》、津ノ井の3駅である。

用瀬駅の分岐器は智頭寄りが10番両開き、鳥取寄りが10番片開き、郡家駅は両端とも10番片開き、津ノ井駅は智頭寄りが8番片開き、鳥取寄りが8番の振り分けポイントで振り分け率は3対2になっていた。

最高速度を10㎞高い95㎞にし、用瀬駅の智頭寄りのポイントは16番両開きに取り換えて

用瀬駅の智頭寄りは左側が待避線で片開きポイントで分岐し、スルー線は直線

用瀬駅の鳥取寄りを見る。スルー線は左にカーブして直線になったところで待避線が合流している

智頭寄りから見た郡家駅。島式ホームの右側は若桜鉄道の発着線。手前に鳥取方面と若桜鉄道の連絡線が合流している

鳥取寄りから見た郡家駅。35㎞制限になっている

智頭寄りから見た津ノ井駅。左側の２番線がスルー線だが、鳥取寄りのポイントは振り分け式になっているのでスルー線の制限速度は智頭線開業後に110㎞にしたため100㎞の制限標を置くようになっている

津ノ井駅に進入する鳥取発智頭行普通。智頭急行所属車両。鳥取寄りのスルー線側の制限速度は90㎞

制限速度を50㎞から80㎞にする。郡家駅は智頭寄り1線スルー化するが鳥取寄りのポイントが35㎞制限になるので速度を落とす。津ノ井駅は16番ポイントに変更して振り分け率が小さい方は45㎞から90㎞にした。つまり1線スルー化する。高い方は40㎞から75㎞に向上した。

これによって智頭―鳥取間の所要時間は31分45秒から24分0秒と7分45秒短縮する。

大阪―鳥取間のトータルの所要時間上郡駅と智頭駅での乗務員交代時間1分を含めて2時間11分45秒と試算された。

それまで大阪―鳥取間は福知山線、山陰本線経由の特急「エーデル鳥取」で4時間7分、姫路駅で播但《ばんたん》線に入って山陰本線を通る特急「はまかぜ」で4時間10分だったから約2時間という大幅な短縮になる。

開業後にさらにスピードアップした

智頭鉄道は平成6年6月に智頭急行（株）に改称、12月に智頭線は開業した。

智頭急行は振り子特急車HOT7000系13両を用意した。5両編成2本、増結用に3両を揃えた。出力355PSの強力エンジンを各車2基搭載しており、JR四国の2000系の330PSを上回る強力エンジンである。

鳥取寄りから見た津ノ井駅。右側を緩くした振り分けポイントになっている

２基搭載しているのは気動車による振り子式車両のためである。１基ではエンジンの回転力で車体が傾いてしまう。２基を反対方向に配置して回転力を打ち消したのである。

開業時には新大阪―鳥取間を走る特急「スーパーはくと」３往復（うち1往復は新大阪―倉吉間）が設定された。しかし、大阪―鳥取間の所要時間２時間34分15秒と試算よりも22分50秒遅いスタートになった。

東海道山陽線で最高速度は１３０㎞ではなく１１０㎞運転にしたこと、因美線はまだ高速化改良されておらず時間がかかったこと、智頭線内で大原駅に停車したこと、余裕時間を1分加えたこと、乗務員交代時間を30秒増やしたことで遅くなったのである。

また、「スーパーはくと」とは別にJR西日本所属のキハ１８１形気動車による「はくと」1往復が不定期列車として設定された。大阪―鳥取間の所要時間は3時間17分だった。

平成8年3月改正で山陰本線を走る京都―米子間の特急「あさしお」を廃止して、不要になった１８１形気動車を使って「はくと」の運転本数を3往復にするとともに、「はくと」「スーパーはくと」はともに運転区間を京都―鳥取間にした。

さらに「スーパーはくと」は、運転時間の計算単位を15秒刻みから5秒刻みにして、余裕時間を詰めることで、東海道山陽線で2分、因美線で20秒短縮して大阪―鳥取間の所要時間を2時間32分10秒に短縮した。

その後、ＨＯＴ７０００系を増備して、すべてを「スーパーはくと」にするとともに年を追うごとに増発され、運転区間も京都―倉吉間に拡大した。

東海道山陽線の大阪―姫路間で新快速電車の１３０㎞運転が実現したが、「スーパーはくと」の１３０㎞化は行われず、新快速よりも遅い特急になってしまった。

夜行寝台特急「出雲」は電車化して伯備線経由の「サンライズ出雲」として運転される

ようになった。こうなると鳥取駅はパスされてしまう。それを補うために智頭線経由で岡山―鳥取間運転の特急「いなば」を設定して、岡山駅で「サンライズ出雲」に接続するようにした。また、「スーパーはくと」は姫路駅で新幹線「のぞみ」と接続するようにして名古屋や東京からの所要時間の短縮も図るようにした。

その後、「スーパーはくと」は新快速と同じ１３０㎞運転となり、因美線の高速化改良されて最高速度も智頭―津ノ井間で１００㎞、津ノ井―鳥取間で１１０㎞になった。最速の大阪―鳥取間の所要時間は2時間24分と開業時にくらべて10分の短縮になった。

とはいえ岡山―鳥取間の「いなば」は振り子気動車のキハ１８７形に置き換えられ「スーパーいなば」となって増発され、単線区間での「スーパーはくと」「スーパーいなば」の上下列車の行き違いを行うための運転停車をする列車が増えて、「スーパーはくと」の大阪―鳥取間の所要時間は2時間30分を越える列車が大多数を占めるようになってきている。

山陽本線万富付近を走る「スーパーいなば」

智頭寄りから見た鳥取駅。因美線からはすべての発着線に入線できる配線になっている

米子寄りから見た鳥取駅。左の線路は西鳥取車庫への入出庫線

それはともかく、山陰自動車道の整備が進められており、現在、大阪―鳥取間を高速道路経由のクルマ利用で3時間はかからない。

このため「スーパーはくと」の利用者も減少しつつある。またHOT7000系も登場して30年近くなってきた。その置き換えとしては160km運転が可能な気動車を製造、智頭線内だけでも160km運転をする。381系による160km運転よりも5の試算では振り子気動車の130km運転よりも5分短縮するとされていたので、大阪―鳥取間の所要時間は2時間19分に短縮することになる。381系電車よりも加速をよくすれば、JR区間でもスピードアップは可能で、2時間15分を切ることは可能になるだろう。

HOT7000系の後継車両は、ぜひとも160km運転が可能な高出力気動車が必要なところである。

京都・大阪―宮津間の高速化

関西の景勝地である天橋立駅とそのおひざ元の

鳥取駅は島式ホーム2面だが線路は多数ある。左から1番線、ホームの手前で止まっている機待線、2番線、元機回線で通路線の中線、3番線、使用停止中の切り欠きホームの発着線、4番線、元貨物着発線で留置線として流用している下り1番副本線がある

宮津駅に行くには、京都駅起点の山陰本線で綾部《あやべ》駅に向かい、綾部駅から舞鶴《まいづる》線で西舞鶴駅を経て宮津《みやづ》線に乗るルート、あるいは大阪駅を始発駅とする福知山線列車で福知山駅、そして山陰本線を後戻りして綾部駅に向かい、綾部駅からは前述のルートをたどる京都発と大阪発があった。

福知山駅から山を越えて宮津に達する鉄道があればもっと簡単に行ける。そこで大正7年に福知山駅から宮津までの北丹《ほくたん》鉄道が発起され、8年に免許を取得して9年に設立された。そして12年に福知山—河守《こうもり》間を開通させたが、その先は酒呑童子《しゅてんどうし》で有名な大江山の山岳地帯に阻まれて建設できなかった。

昭和28年に鉄道敷設法に「京都府宮津より河守に至る鉄道」を別表79の2として予定線に加えられた。別表79は「京都府殿田（現日吉）より福井県小浜に至る鉄道」で鉄道敷設法成立時から予定線として取り上げられた。

のちに加えられる予定線は別表番号の予定線に近いところに、その2として取り上げることにしている。それだけなので同じ番号であっても関連

鳥取駅の下関寄りでは左に切り欠きホームがある3、4番ホームと右に留置ようになった下り1番線

京都・大阪―天橋立間関連図

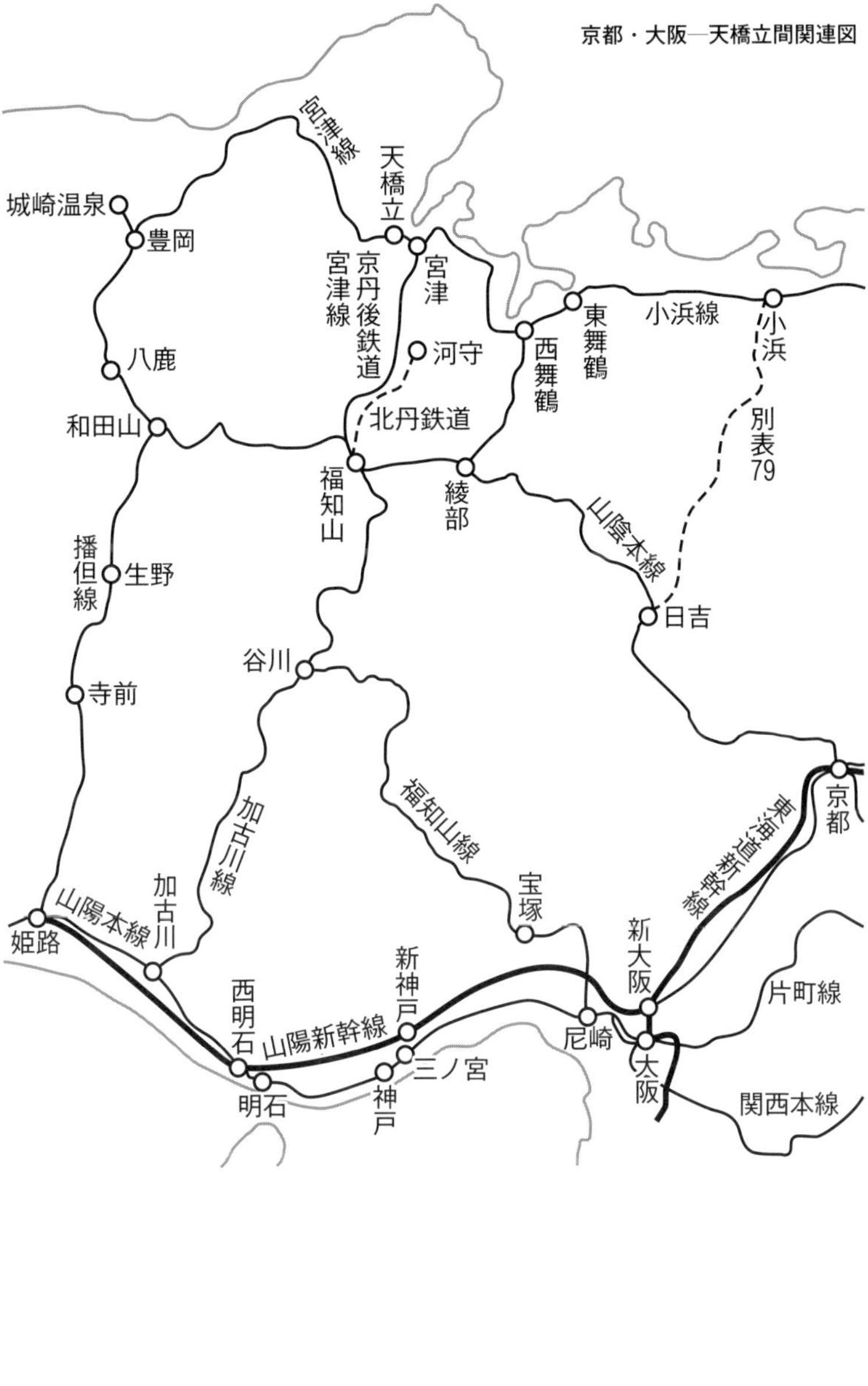

性は全くない。なお、別表79は京都駅から小浜駅に向かう短絡線としての機能があり、昭和37年に小鶴線として調査線になり、39年工事線となって測量設計を行った。しかし、それだけにとどまって着工まで至らずに国鉄改革法によって凍結されてしまった。

ともあれ別表79の2は昭和32年に調査線となり、福知山―河守間は北丹鉄道の線路を編入することにして河守―宮津間を宮守《みやもり》線として調査、設計に入った。37年には工事線に昇格、39年に鉄道建設公団が発足すると同公団に引き継がれ、41年に着工した。

昭和46年には大江山の下を通る延長３２１５ｍの普甲《ふこう》トンネルが貫通するなど工事は順調に進んでいった。

しかし、北丹鉄道は河守にある河守鉱山が産していた黄銅鉱とクロム鉱、仏生寺《ぶっしょうじ》鉱山のモリブデン鉱の輸送を行っていたが、これら鉱山が閉山になり、砂利輸送もあったが砂利の採取が禁止されて中止、木材輸送も先細りになって貨物輸送は衰退し、もともと人口過

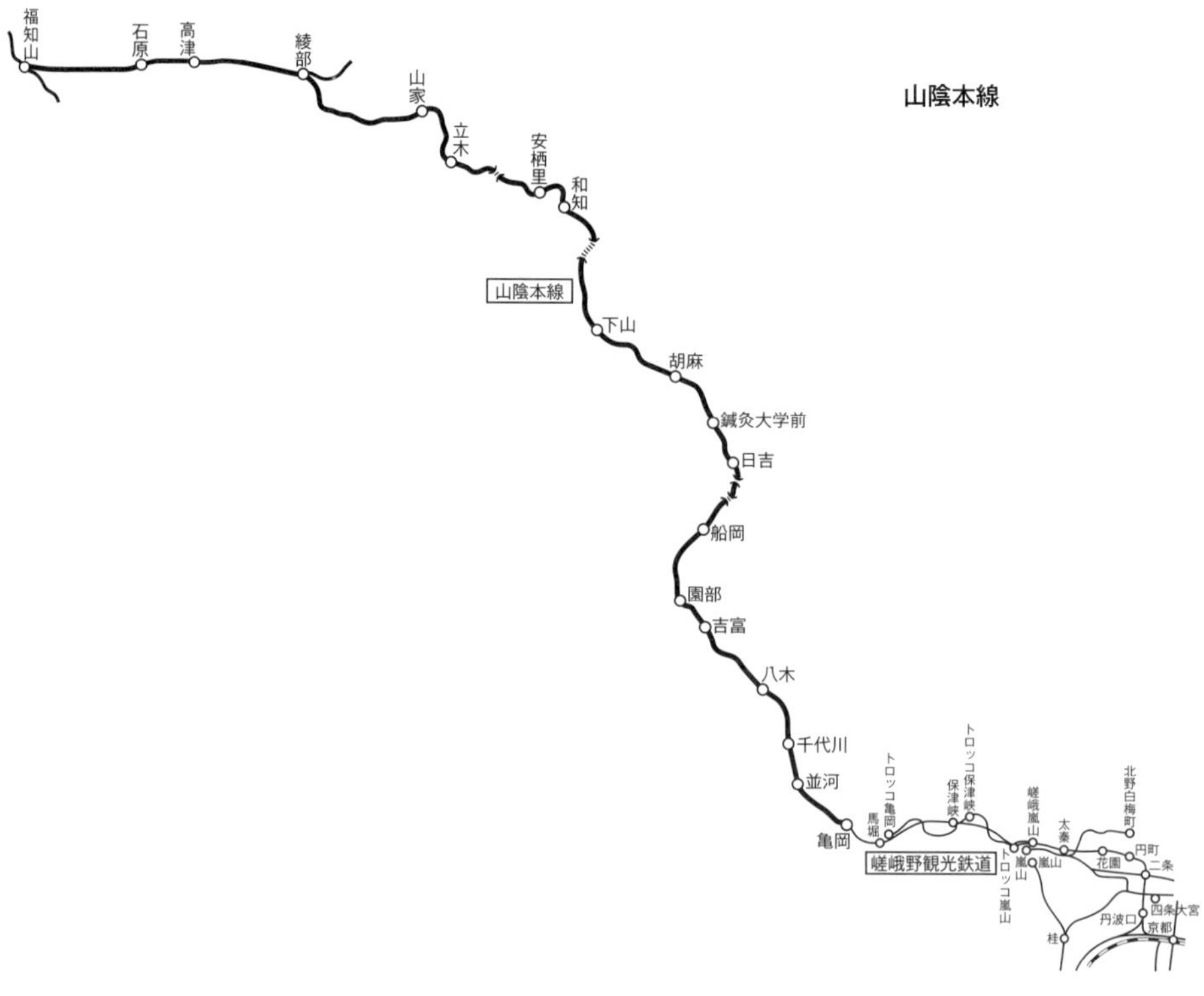

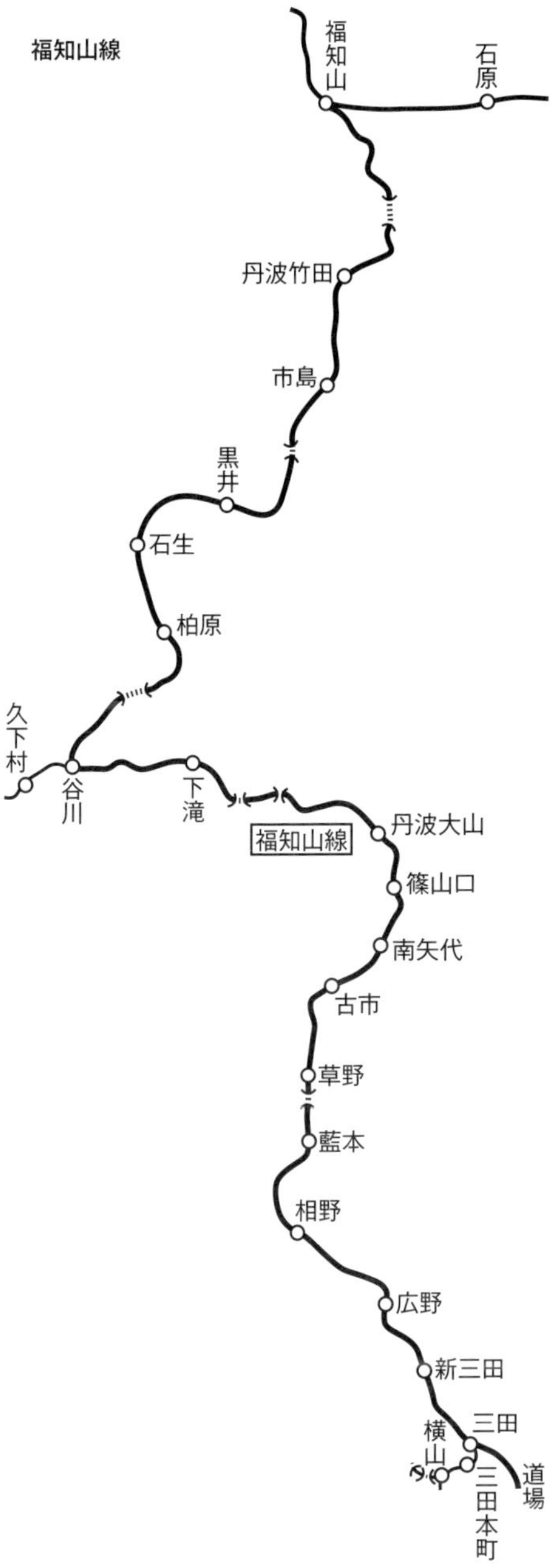

疎地なので乗客は少なく、昭和45年に廃止が決定、46年に廃止されてしまった。

その昭和45年には別表79の2を「京都府宮津より福知山に至る鉄道」と変更して福知山―河守間を予定線に編入、53年に同区間を予定線から調査線を飛び越して工事線に昇格して着工した。また、工事線名は宮福《みやふく》線に変更した。

しかし、国鉄再建法によって工事は凍結された。凍結時の工事進捗率は用地取得が55%、路盤工事が55%となっていた。しかし線路敷設までは行われなかった。

第3セクターの宮福鉄道株式会社が昭和57年9月に設立され、57年12月に福知山―宮津間の免許を取得、58年2月に工事が再開された。開通は昭和63年7月である。この時点では単線非電化路線だった。

前述の国鉄再建法では特定地方交通線に指定された路線は第3セクター鉄道にして存続

するかバス路線に転換することをしなければならなくなった。西舞鶴—豊岡間の宮津線も特定地方交通線に指定され、昭和65年（平成2年＝1990）3月を目途に第3セクター鉄道に転換するか、廃止をするかのどちらにするかを国から要求された。

そこで京都府は宮福鉄道が宮津線の運行を引き受けることを決定、昭和63年8月に社名を北近畿タンゴ鉄道に変更して宮福線とともに一体運営することになった。宮津線の北近畿タンゴ鉄道への転換は平成2年（1990）4月である。

北近畿タンゴ鉄道はJR車両を使う宮津線経由の京都—城崎間の特急「あさしお」と京都—久美浜間の特急「タンゴエクスプローラー」号が運転され、宮福線経由の大阪—天橋立間では不定期特急「エーデル丹後」と急行「みやづ」（宮福線内は快速）、それに網野発宮福線経由の京都行の特急「タンゴエクスプローラー」2号が運転されるようになった。

しかし、京都—天橋立間の最速の所要時間は「タンゴエクスプローラー」2号の2時間5分、大阪—天橋立間では不定期特急の「エーデル丹後」で2時間35分もかかっていた。

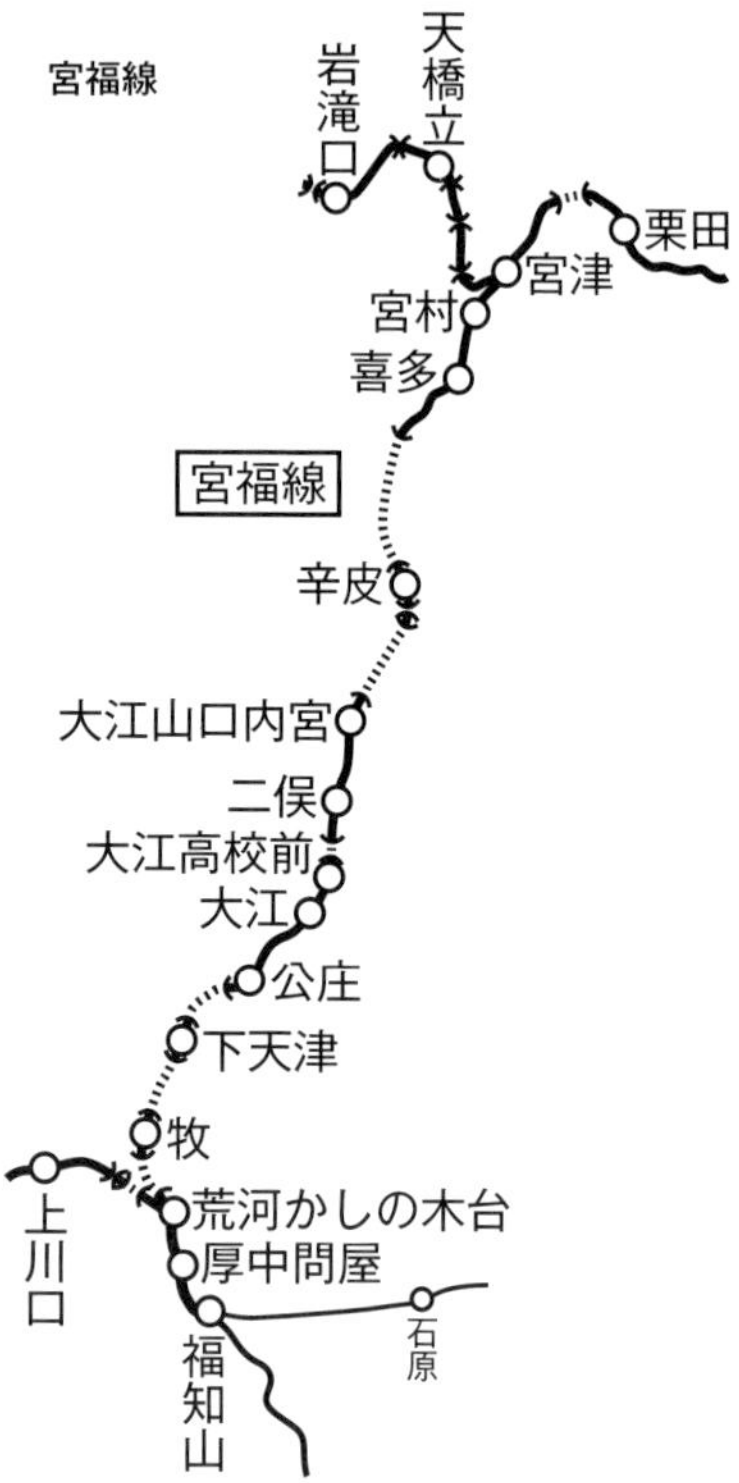

高速道路の整備が進み京都―天橋立間の所要時間は1時間40分程度、大阪―天橋立間は2時間20分程度で行けるようになっていた。山陽近畿自動車道が整備されればもっと短縮する。

そこで宮福線全線と宮津線宮津―天橋立間の電化と高速化を行うとともにJR山陰本線の京都―福知山間の電化、高速化、京都寄りの複線化を行うことにした。福知山線は全線電化されているので新三田《しんさんだ》以遠が単線だったのを新三田―篠山口間の複線化をすることにした。

宮福線では最高速度を130㎞にすることを目指した。このためには行違駅で高速通過できるポイントに取り換える必要がある。

宮福線には荒河かしの木台、牧、大江、大江山口内宮、宮村の5駅が行違駅である。このうち荒河かしの木台駅は前後に半径400mと595mの急カーブがあるため、ポイントの高速化は意味がない。

牧駅は8番両開きポイントで制限速度は40㎞になっている。10番両開きポイントにすれば130㎞運転は可能だが、手前に半径800mのカーブ

宮福線福知山駅ホーム

があって１２０km制限を受ける。

　大江駅は８番両開きポイントだが、これを１線スルー化するとともに10番片開きポイントにして１３０kmで通過が可能になる。

　大江内宮駅は上り線が半径８００ｍの曲線上にあって１線スルー化によって上下列車共に１２０kmで通過できる。

　宮村駅は10番片開きポイントなので１線スルー化で対応可能である。

　加速度と登攀力が高い北陸本線で使用開始した６８１系を振り子式に設計変更した車両を使用することで急カーブが多い宮福線で１３０km運転をすることが考えられた。

　しかしＪＲは北陸本線に６８１系電車を投入し、不要になった交直両用の４８５系電車を直流化した１８３系（当初は４８５系のままで使用）を山陰本線京都―福知山間に投入することを決めたので、宮福線では加速力が足らず１３０kmを出したとしてもわずか数秒に過ぎず、すぐにブレーキをかけなければならない。これでは運転が難しく時間短縮もわずかなことから最高速度は１２０kmに

福知山駅の宮津方にある JR 線からの連絡線

福知山寄りから見た荒河かしの木台駅。右の線路は車庫との入出庫線

荒河かしの木台駅から宮津方を見る。左にカーブしてから右に大きくカーブする

右カーブが終了した先に牧駅があるために１線スルー化をせず、当初の計画通り両開きポイントにしたため 40㎞制限を受ける

大江駅のスルー線の２番線（右）は緩く右カーブしてから今度は左カーブするので 95㎞制限になった

大江駅の宮津寄りを見る。右の２番線は直線になっている

大江山口内宮駅は宮津駅に向かって緩く右にカーブしている。左の１番線がスルー線

大江山口内宮駅のスルー線の１番線に進入する「橋立」２号、使用車両はタンゴ・ディスカバリー

相対式ホームの宮村駅の１番線が完全な直線の１線スルー駅

福知山寄りから見た宮津駅。宮福線の普通は右の行止まりになっている4番線に入線する。天橋立駅に行く特急などは3番線に入線してスイッチバックして宮津線に入る

豊岡寄りから見た天橋立駅

変更した。

　また、高速化予算は国と京都府が出費するが、いずれも高速化予算の圧縮がなされることになり、牧駅は高速ポイントへの交換は見送られた。

山陰本線園部―綾部間の高速化

　一方、山陰本線では京都―園部《そのべ》間は一部区間が別線による複線化され、線形はよくなっていた。それでも最高速度は95kmから１０５kmに高めただけだった。とはいえ１３０km運転は可能な線形にはなっていた。

　なお、線形改良で不要になった旧線はＪＲ西日本の１００％子会社の嵯峨野《さがの》観光鉄道に引き継がれオープンデッキ車両、いわゆるトロッコ車両をトロッコ嵯峨―トロッコ亀岡間に走らせて人気を博するようになっている。

　線形改良されていない園部―福知山間は単線非電化（綾部―福知山間は複線）のままで最高速度は95kmと低かった。同区間内にある駅はすべて行き違いができるため（現在は新設の鍼灸《しんきゅう》大学前駅は片面ホームの棒線駅）、これだけは

船岡駅を園部寄りから見る。直線になっている下り２番線は速度制限なし。分岐する上り１番線は60km制限

船岡駅から綾部寄りを見る。綾部寄りでは２番線が１番線に合流するので60km制限、直線の１番線は100km制限になっている

日吉駅を園部寄りから見る。左の下り２番線がスルー線だが前方にＳ字カーブがあって75km制限

日吉駅を綾部寄りから見る。カーブがあるため75㎞制限

胡麻駅を園部寄りから見る。右の１番線の上り本線がスルー線だが、緩いカーブがあって100㎞制限

下山駅を園部寄りから見る。振り分けポイントのために100㎞制限

下山駅の綾部寄り端部を見る

和知駅を園部寄りから見る。75km制限の振り分けポイントになっている

和知駅の園部寄り。緩い振り分けポイントである

和知駅。奥が綾部方。駅全体がカーブしている

園部方から安栖里駅を見る。左の下り１番線がスルー線だが 100㎞制限

安栖里駅を綾部寄りから見る。弾性ポイントによる直線になっているが100㎞制限

園部寄りから見た綾部駅。車両は京都丹後鉄道のタンゴディスカバリー

有利だったが、といっても制限速度は高くて90km、低い駅では40kmだった。しかも蒸気機関車列車用に合わせて進入速度を高くし進出速度を低くする配線になっていた。

全線電化をするとともに船岡、殿田（現日吉）、胡麻、下山、和知《わち》、安栖里《あせり》の6駅を1線スルー化した。ただし殿田駅は75km、胡麻駅と下山駅は１００km、和知駅は75kmの速度制限を受ける。立木《たちき》駅と山家《やまが》駅は12番両開きポイントにして制限速度を75kmに引き上げた。

線形が悪くて１３０km運転する区間は少ないが90km以上で走る区間は11%から36%に増加した。また、京都―嵯峨嵐山間は最高速度１２０kmだが、嵯峨嵐山―福知山間は１３０kmになっている。

宮福線と山陰本線の電化、高速化は平成8年（１９９６）3月に完成した。

完成前の宮福線では気動車特急「エーデル丹後」（福知山線で電車特急「北近畿」に併結）がノンストップで下り37分、上り33分、京都―網野《あみの》間不定期運転の「タンゴエクスプローラー」が大江駅停車で上下とも31分だった。

「エーデル丹後」は国鉄のキハ65形を改造したもので出力５００PSのエンジンを搭載した元国鉄気動車としては

高速化した当初は 483 系を直流化した 181 系を使用

高出力車両だったが、北近畿タンゴ鉄道の「タンゴエクスプローラー」用のＭＦ１００形・２００形、ＫＴＲ０１１形の出力３３０ＰＳのエンジンを2基搭載している。これらの車両よりも登攀力はなかった。このため遅かったのである。

電化、高速化後は電車特急「はしだて」が最速24分となり、7分短縮した。また、気動車特急の「タンゴディスカバリー」は最速26分となった。

京都―宮津間の所要時間は「タンゴエクスプローラー」で2時間40分だったのが、電車特急の「はしだて」で1時間36分と大幅に短縮した。もっとも「タンゴエクスプローラー」は不定期列車のため山陰本線では定期列車のダイヤに割り込んで設定されていたので遅かった。福知山駅で宮福線の快速に乗り換えると1時間50分が最速なので14分の短縮になった。

大阪―宮津間の所要時間は新大阪―天橋立間運転の「文殊《もんじゅ》」で2時間5分となった。それまでの「エーデル丹後」は2時間15分だったから10分の短縮だった。

現在は１８３系よりも加速がいい２８７系また

下山駅を通過する 287 系特急「はしだて」、前 3 両を分割する

は289系電車（起動加速度は1・6km／毎時／秒と183系とほぼ同じだが、高速域での加速度は高い）に置き換わって特急「はしだて」が運転されている。京都―宮津間の所要時間は最速で1時間52分と遅くなっている。

最速電車は9号だが綾部駅まで東舞鶴行の「まいづる」13号と併結をし、綾部駅で5分停車している。単独で走れば1時間48分だが、それでも遅くなっている。原因は運転本数が増えて行き違い待ちで運転停車をすることが多くなったからである。

高速化しても運転本数が多くなると遅くなるのは智頭急行で述べたように単線路線の弱点である。また、橋立以遠を走る京都発特急「はしだて」は非電化なので現状でも京丹後鉄道の8000系気動車を使用している。

そうはいっても1往復程度は高速化の証として1時間30分台で走らせてもらいたいものである。「はしだて」7号は「まいづる」と併結せずに単独で走る。しかし、福知山駅で福知山線経由の新大阪発の「こうのとり」と連絡するために、同駅で10分停車する。このため京都―宮津間は1時間53分になる。福知山駅で停車時間

宮津駅に停車中の「タンゴエクスプローラー」

を1分にすれば1時間44分になり、行き違いをするために余裕時間を充分とっているので、これを優先させて走らせると1時間30分台で走らせることはできよう。

なお、北近畿タンゴ鉄道は線路と施設を保有する第3種鉄道事業者になり、運行はバス事業者のＷＩＬＬＥＲの子会社の京丹後鉄道が行うようになった。

土佐くろしお鉄道宿毛線の高速化

宿毛《すくも》線は四国循環線の一環として鉄道敷設法別表１０３の「愛媛県八幡浜より卯之町《うのまち》、宮野下、宇和島《うわじま》を経て高知県中村に至る鉄道及び宮野下より分岐して高知県中村に至る鉄道」の後半の分岐線の一部が宿毛線である。

前半の本線のほうは卯之町からルートをかえた別表１０３の2を加えて宇和島駅まで達して予讃《よさん》本線（現予讃線）として開通した。

そして分岐線は宇和島駅で分岐して宿毛を経て中村に達するルートに変更した。また、別表１０５の２「高知県須崎《すさき》より窪川《くぼかわ》に至る鉄道」を昭和8年に、別表１０５の３「高知県窪川付近より中村に至る鉄道を昭和28年に加えた。これで西側の四国循環線が形成することになる。

京都駅に停車中の京都タンゴ鉄道 KTR8000 系による「はしだて」5 号東舞鶴・豊岡行

１０５の３の路線は昭和31年2月に調査線、４月に工事線となって着工、38年に窪川―土佐佐賀間、45年に中村まで全通して国鉄中村線になった。しかし、国鉄再建法によって昭和61年に土佐くろしお鉄道に転換された。

一方、中村―宇和島間は昭和37年に調査線になり、39年9月に中村―宿毛間が鉄道建設公団の宿毛線として工事線に昇格、最高速度85㎞の乙線によって昭和49年2月に着工した。しかし、国鉄再建法で工事は凍結された。凍結時の工事進捗率は用地取得が46％、路盤が29％で軌道敷設はなされていなかった。

これを土佐くろしお鉄道が引き受けた。同区間のほかに工事線として凍結されていた阿《あ》佐《さ》西《さい》線御免《ごめん》―奈半利《なはり》間も工事を再開して運行を引き受けるとともに国鉄中村線も引き受けて転換することで昭和61年にこれら３区間の免許を認可された。

中村線もそうだが宿毛線が開通したときは高知だけでなく高松、そして瀬戸大橋線の開通で岡山、新幹線に乗り継いで大阪方面への利用がなされる。これら利用者が増えれば運賃収入だけでなく特急料金収入も得ることができる。

その後、国鉄は分割民営化して土讃線を走る特急は最高速度１２０㎞の振り子気動車になり、大幅にスピードアップして乗客を増やした。

建設中の宿毛線23・６㎞の当初の運転計画では最高速度80㎞とし所要時間22分の快速を走らせること

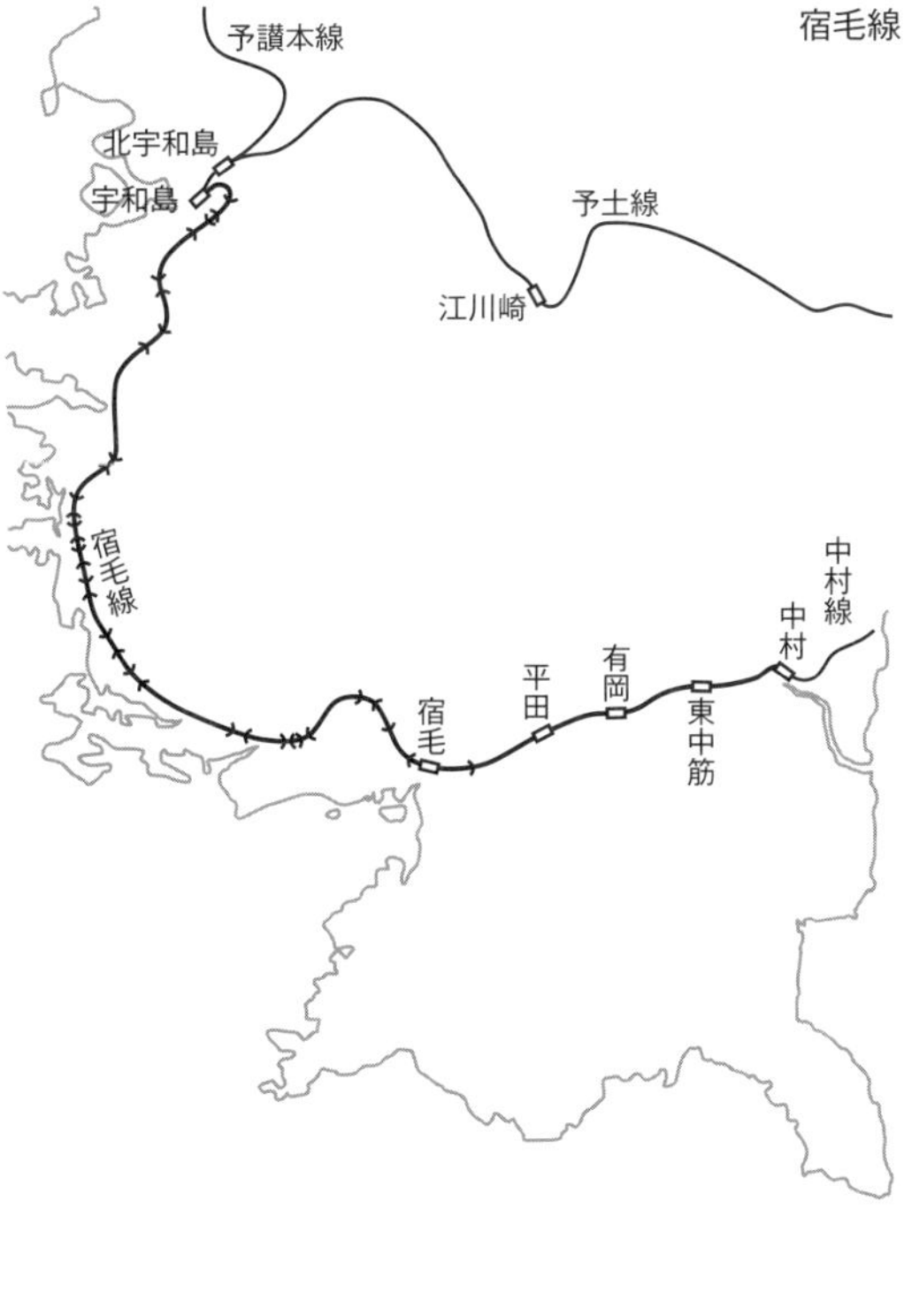

にしていたが、これをやめて土讃《どさん》線直通の特急「南風」「しまんと」「あしずり」の乗り入れが決まった。「南風」は岡山発着、「しまんと」は高松発着、「あしずり」は高知発着である。

これらの列車は100㎞運転から、振り子気動車による120㎞運転に引き上げていた。宿毛線でも120㎞運転をすることが決定して、工事再開にあたって高速化の追加工事が開始された。

宿毛線の高速化は行違駅である有岡《ありおか》駅の1線スルー化と軌道強化、緩和曲線の延伸等である。宿毛線は平成9年（1997）10月に開業した。平田《ひらた》駅停車で所要時間は16分だった。

中村線（43・0㎞）では特急は85㎞運転で所要時間40分となっていた。これを、宿毛線開業時に合わせて振り子気動車による110㎞運転をすることにした。宿毛線開業直前の中村線の最速特急は39分だったのが宿毛線開業時には35分と4分短縮した。高知―宿毛間で最速の特急の所要時間は1時間54分、高松―宿毛間は4時間17分になった。

順調に乗客が増加していったが、平成17年（2005）3月に運転士がインフルエンザにかかって失神して120㎞の高速で宿毛駅に突入するという大事故を起こした。第2場内信号機直下に速度照査ATSが置かれていたが、その速照速度は25㎞で、非常ブレーキがかかっても当然間に合わなかった。

当時、各JRなどはATSのS形地上子によって速照を行う方式の運用開始が始まった直後だった。全国的に普及はまだしておらず、設置されていたのはこの宿毛駅と、JR西日本に数か所あっただけだった。JR西日本は130㎞運転線区で半径600m以下のカーブの手前に順次速照ATSを設置することにしていた。

宿毛駅は多段階の速照 ATS 地上子が置かれるようになった

左の 1 番線が特急発着用で、ホーム 5 両編成分の 112m、右の 2 番線は 4 両編成分の 91m の長さになっている

ところが同じ２００５年の4月にあの痛ましい福知山線事故が起こる。メディアは旧式ＡＴＳしかなかったから起こった事故だと非難したが、当時、速照ＡＴＳが設置されていたのは高度なＡＴＳであるP形設置区間と、安価なS形地上子による土佐くろしお鉄道宿毛駅手前の場内信号機とJR西日本の前期条件の東海道山陽線と北陸本線の一部だけだった。

大手私鉄については大半の路線が速照可能なP形以上に高度なＡＴＳを採用していたが、急カーブ区間での速照ＡＴＳを置いていたのはわずかだった。

そもそもＡＴＳは赤信号を無視したときに停めるもので、カーブ区間に速照ＡＴＳを設置する概念はほとんどなかった。行っていたのはJR西日本の数か所と阪神電鉄の御影駅くらいしかなかった。福知山線事故の前に起こった宿毛駅での事故のときに大きく警鐘を鳴らす専門家はほとんどいなかった。

福知山線事故後はカーブ区間での速照ＡＴＳの設置が急速に広がった。宿毛駅でも３段階の速照ＡＴＳが設置された。

せっかく高速化した宿毛線だが、コロナ禍による乗客の減少で現在は1往復の特急「あしずり」しか運転されなくなっている。しかも所要時間は17分と1分遅くなっている。「南風」「しまんと」の中村・宿毛間延長運転で「あしずり」の運転本数は一時期、下り1本だけになったことがあったが、近年になって「南風」「しまんと」の高知以西の運転を中止してすべて高知止まりとした。これらに高知駅で接続する高知—中村・宿毛間の特急として「あしずり」として統一、増発されたのである。

高速自動車道は周囲にはなく、一番速く行く交通機関は宿毛・中村線と土讃線を走る特急である。コロナ禍が収束したあかつきには運転本数を元に戻すだけでなく、中村線、土讃線とともに１３０㎞運転をしてさらなるスピードアップを図ってもらいたいものである。

宿毛駅に停車中の特急「あしずり」（右）と普通窪川行（左）

窪川寄りから見た１線スルー構造の有岡駅

阿佐西線も高速化できる配線で開通している

阿佐線は鉄道敷設法別表107の「高知県御免《ごめん》より安芸《あき》、徳島県日和佐《ひわさ》を経て古田に至る鉄道」として予定線に取り上げられた。四国循環線の一環である。

このうち東側は国鉄牟岐《むぎ》線として海部《かいふ》駅まで開業したが、御免—海部間は鉄道建設公団によって阿佐線として建設されていた。実際には阿佐西線御免—奈半利《なはり》間と阿佐東線海部—田野《たの》間が建設されていたが、国鉄再建法で工事は凍結された。

凍結前に完成した高架区間、あかおか—夜須《やす》間は土佐の万里の長城といわれるほど長い間放置されていたか、線形が非常に良い高架線だった。国道55号バイパスを乗り越す高々架の乗越橋も完成していた。これも長い間放置され土佐のバベルの塔と揶揄されていた。もともとバベルの塔と揶揄された高々架橋は国道55号が盛土区間だったので、それを乗り越すために建設されたものだった。

阿佐西線は土佐くろしお鉄道が引き継いで建設することになり、工事を再開、平成14年にごめん・奈半利線として開通した。

開業後、快速の運転もなされ、快速を中心に土讃線の高知駅まで直通運転を行っている。

国道55号乗越橋は前後が完成していなかったので、その前後の区間の高

土佐のバベルの塔と揶揄された鉄道建設公団が先行
建設した阿佐線の高高架国道55号乗越橋

架橋は建設費がかさむということで地上線にした。その結果、交差する道路とは踏切を設置した。ただし国道55号との交差地点は、烏川を渡るために国道は盛土だったために、それをくぐるようにして立体交差した。

鉄道新線には踏切の設置は国から禁止されていたが、建設費を軽減するために特別に認められた。ほとんど手が付けられていなかった伊尾木駅付近は地上線になって、ここにも多数の踏切が設置された。

それはともかく、行違駅の、のいち、あかおか、夜須《やす》、和食《わじき》、穴内《あなない》、下山《しもやま》駅は1線スルー

高知寄りから見た御免駅。土讃線高知直通列車は右の１番線に転線してごめんなはり線に入る

御免駅を奈半利寄りから見る。左の０番線は行止り線になっていて、ごめなはり線線内のみ運転の普通が折り返している

構造になっている。奈半利駅に近い田野駅は両開き分岐の相対式ホームだが、上下線はともに両方向へ出発できる。

安芸駅は車庫が併設されやや複雑な配線になっている。本線は車庫を避けるように海側に寄せる形になっていて、そのためのカーブを両端に設置し、ホーム寄りで直線なった区間に片開きポイントを設置した島式ホームになっている。

ともあれ1線スルー駅は高速通過をするためのものだが、

土佐のバベルの塔は撤去して盛土になっている国道55号の下を通り抜けるようにした阿佐線。地平線にしたために小さな道路とは踏切が設置された

阿佐線

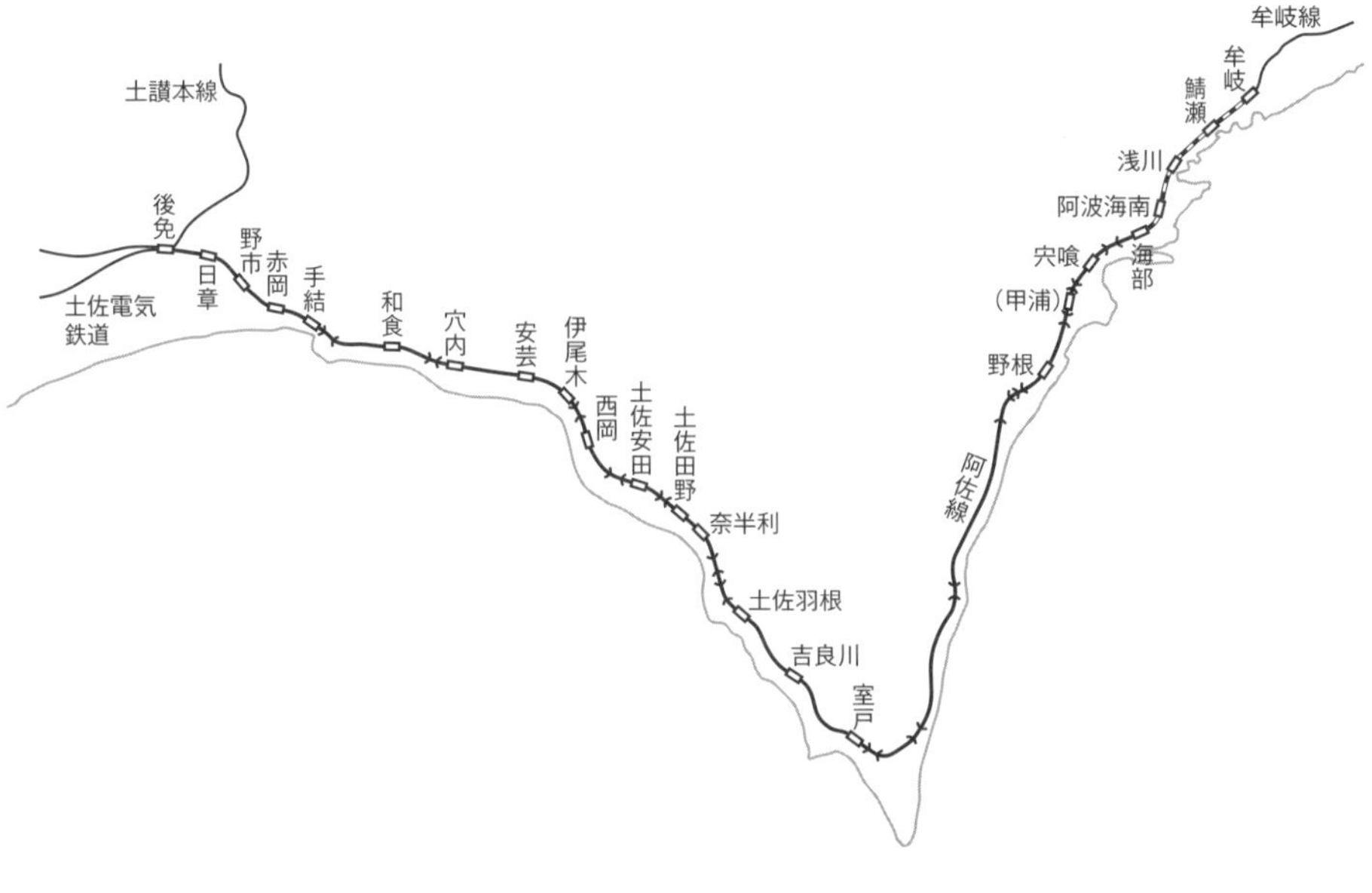

優等列車の快速の停車駅は御免町、のいち、あかおか、夜須、和食、球場前以遠各駅である。行違駅で通過するのは穴内駅だけである。まったく意味がない1線スルー駅である。快速も通常のように左側通行で発着している。

御免駅で高松・岡山発着のＪＲ特急の一部を分割してごめん・なはり線の安芸駅まで直通することを考えられたために1線スルー駅にしたと思われる。

これは実現しなかったが、高知―奈半利間運転の臨時特急「煌海《こうかい》の抄」がときおり走る。停車駅は安芸一駅だけ、高知―奈半利間の所要時間は2時間45分と遅い。快速の同区間の所要時間は最速で1時間12分なので、観光用にゆっくり時間をかけて走っている。およそ都市間連絡を目的とした列車ではない。

最高速度120㎞を出して停車駅を御免、後免町、安芸とすると高知―奈半利間は50分を切る所要時間で結ばれる。こういう都市間列車を朝夕に各一往復でいいから運転してもらいたいものである。

建設した鉄道建設公団は将来的には阿佐線を全

1線スルーののいち駅

あかおか駅はカーブ上にあるが、上り線がスルー線になっている

夜須駅

線開業して四国循環特急を走らせる思惑があるから1線スルー構造にしたとも考えられなくはないが、阿佐東線は第3セクター鉄道の阿佐海岸鉄道になって、完成していた海部—甲浦《かんのうら》間の運行を引き継いだ。

本来は現在の東洋町役場付近に野根《のね》駅を設置する予定だったが、そこまでのトンネルは貫通しておらず、完成した高架線の終点に甲浦駅を設置して平成４年（１９９２）３月に開通している。

そして令和３年（２０２１）12月に道路と鉄道線路を走ることができるＤＭＶ（Dual

和食駅

穴内駅のスルー線は駅の奈半利寄りがカーブしているので 80㎞制限

下山駅は緩いカーブ上にある

安芸駅は車庫があるためにホームは海岸寄りに寄っている

田野駅は唯一両開きポイントによる左側通行の行違駅だが上下線とも両方向への折返は可能。制限速度は 45km

終点奈半利駅は棒線駅

Mode　Vehicle）を導入して運行している。将来的には奈半利駅までＤＭＶを走らせて、これによって阿佐線を全通したことにすることが考えられている。

夢物語になるかもしれないが、もしかすれば、そのときには高松あるいは岡山発着の奈半利駅までの特急が１３０㎞運転でごめん・なはり線を走るかもしれない。

時速１６０㎞の高速走行を実現させた北越北線

北越北線は鉄道敷設法別表55の３「新潟県直江津より松代《まつだい》付近を経て六日町に至る鉄道及び松代付近より分岐して湯沢に至る鉄道」として昭和37年に予定線に加えられた。輸送力とスピードに問題があった信越本線の横川―軽井沢間を通らずにすむ高崎から上越線の六日町を経て信越本線の直江津への短絡ルートを形成するためのものだった。

分岐線である北越南線の松代―越後湯沢間のほうが短絡線としては効果があるが、六日町駅付近の発展を優先して松代―六日町間の北越北線ルートが先行して建設するとした。

昭和39年に鉄道建設公団（以下公団）が設立されると、北越北線は工事線に昇格して公団が建設を引き継いだ。公団ではＢ線（地方幹線）として単線非電化の乙線規格で着工された。起点は直江津駅ではなく犀潟《さいがた》駅に変更した。しかし、建設は遅々として進まず、国鉄再建法によって工事は凍結された。

そんななか、北陸新幹線の建設軽減策として、長野以北では糸魚《いとい》川《がわ》―魚津《うおつ》間と石動《いするぎ》―金沢間だけを建設することにした。この２区間はフル規格の路盤で建設するが、当面は狭軌線路を敷設して最高速度１６０㎞の在来線と直通するスーパー特急を走らせることが決定した。

これに合わせて北越北線も電化して最高速度１６０㎞を出せるようにして、北陸本線直通のスーパー特急を走らせることにした。

しかし、ＪＲは北越北線の運営を拒否した。このため第3セクター鉄道の北越急行を設立して運営にあたることにして、建設工事を再開、鉄道建設公団は電化できるようにトンネルを拡幅、高速化工事を行った。

平成9年9月に北越北線は開通して、越後湯沢―金沢間に特急「はくたか」の運転を開始した。当初は１４０㎞運転だったが、11年から１６０㎞運転を開始した。

その後、北陸新幹線は全線フル規格で建設することに変更になり、平成27年3月に長野―金沢間が開通、北越急行線を走り抜ける特急「はくたか」の運転は廃止になり、北越急行線は最高速度１１０㎞の快速、普通が走るだけになってしまった。

とはいえ北陸新幹線の金沢延伸までの18年間は北越急行経由が便利だった。北越急行が開通する前は上越新幹線長岡駅乗り換えで東京―金沢間は最速3時間58分だったが、北越急行の開通で最速3時間43分と15分短縮した。

北越急行線内を１６０㎞で走る「はくたか」の最速は越後湯沢―直江津間をノンストップ運転する。その所要時間は48分、表定速度１０４・９㎞だった。開業時は最高速度１４０

くびき駅付近を走るJR西日本所属の「はくたか」号。前方の場内信号機（駅手前にある信号機）のスルー線側は160㎞走行可の緑灯２灯点灯の高速進行現示になっている

㎞で49分30秒だった。最高速度を１４０㎞から１６０㎞に上げても1分30秒の短縮したに過ぎない。

これは北越急行線の68％の区間がトンネルで、トンネル内での空気抵抗（トンネル抵抗）が激しく、なかなか１６０㎞に達しえなかったのが実情である。

ともあれ時速１６０㎞運転に備えて、60㎏レール、スラブ軌道、ノーズ可動式弾性ポイントを採用した。

線路規格は乙線だが、最小曲線半径は５００ｍとなっている、５００ｍの曲線は犀潟付近の信越本線乗越橋あたりと十日町付近にあるだけである。

六日町駅の犀潟寄り端部の曲線半径は４００ｍ、その先で1万５０００ｍ続いて８０００ｍの緩いカーブで左に曲がっていきながらどんどん加速していく。一度７００ｍの右カーブが少しあって、時速１００㎞制限になる。その先で大きく左にカーブして西向きになっていく。この曲線半径は６００ｍである。６００ｍの曲線通過速度は90㎞が本則（国鉄が各曲線半径ごとに定めた通過速度）だが、６８１・６８３系特急電車は10㎞高い１００㎞で通過させた。

西向きになってから半径８００ｍの左カーブがあって１２５㎞制限で進み、魚沼丘陵《うおぬまきゅうりょう》駅の手前は半径１２０

北越急行ほくほく線関連図

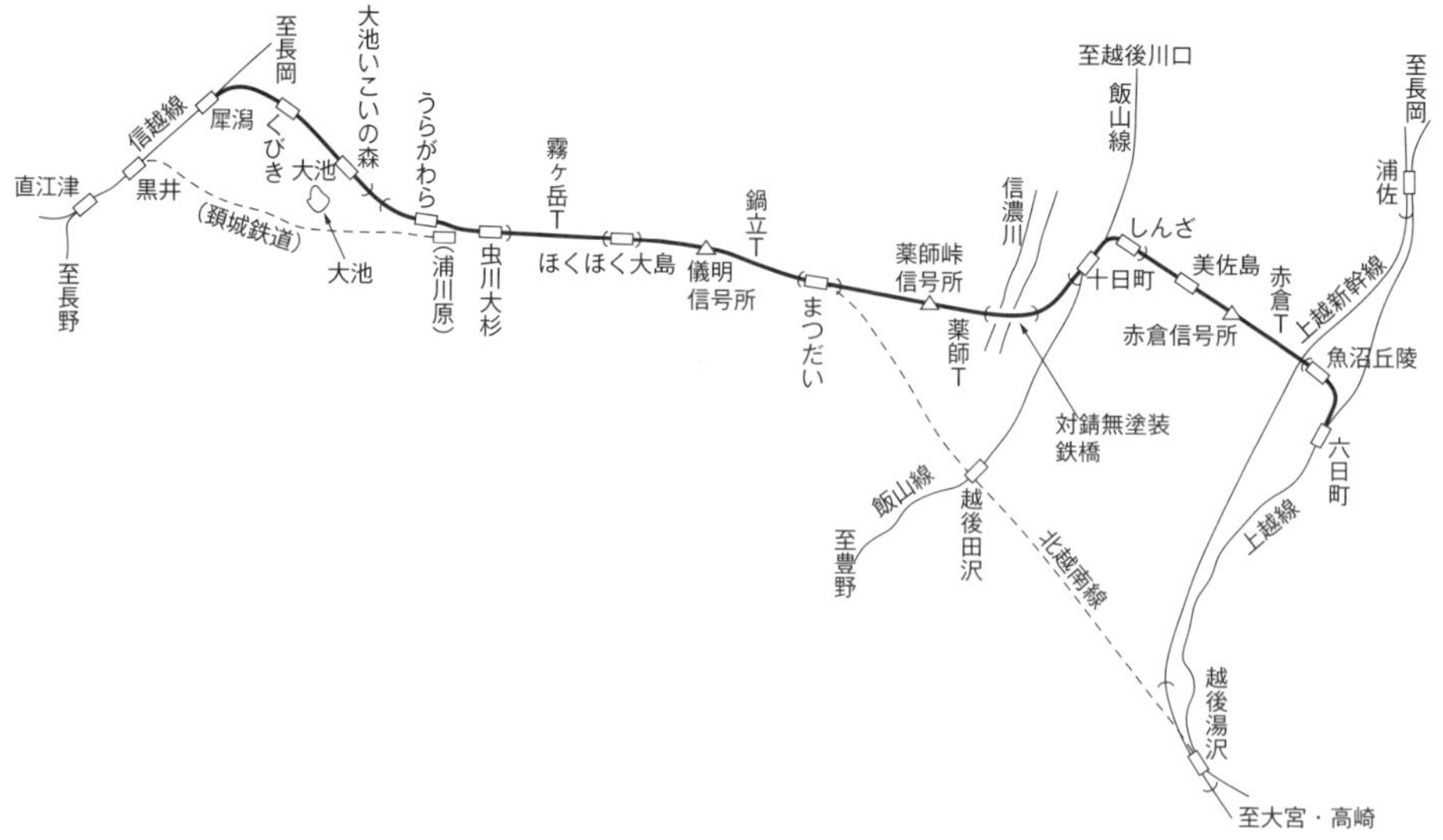

０ｍ１２５km制限、魚沼丘陵駅を含む前後は半径１０００ｍ、１２０km制限となり、赤倉トンネルに入る。ここから１６０km走行を開始する。だがトンネル抵抗によってなかなか加速ができない。

　行き違い用の駅、信号場を多数設定した。１万４７１ｍの赤倉トンネル内には赤倉信号場、ＪＲ飯山線と連絡する十日町駅、６１１９ｍの薬師峠トンネル内に薬師峠信号場、松代駅、９１２９ｍの鍋立山《なべたてやま》トンネル内に儀明《ぎめい》信号場、虫川大杉《むしかわおおすぎ》駅、くびき駅がある。各駅・信号場の行違線の有効長は２４０ｍ、12両編成同士が行き違える。

1 線スルーになっているくびき駅。右の待避線側への分岐は 12 番ポイントで制限速度は 45km、スルー側は速度制限がない。ノーズ可動式なのでノーズ部とクロッシング部の間に空傢がない

虫川大杉駅も 1 線スルー駅。ポイントの可動式ノーズは待避線側に向いている

鍋立山トンネル内にある儀明信号場は六日町駅に向かって半径3030mで右カーブして直線になって、そこから12番ポイントで待避線が分岐、その先で半径3030mで左カーブして待避線とスルー線は平行する

待避線の分岐ポイント。奥の出発信号機はスルー線側が高速進行現示している

駅はトンネル外の明かり区間にあるため完全直線の1線スルー駅である。待避線への分岐は12番ポイントになっているものの弾性ポイントなので45㎞制限である。ノーズ可動式の弾性ポイントを使用しているので直線側は160㎞走行が可能である。

トンネル内にある信号場は高速化前に信号場として掘削されていた。高速化前は両開きポイントにする予定だった。これを1線スルー化するために半径3030mで曲がって直線にしてここで12番ポイントによる片開きポイントで45㎞制限で待避線が分岐、その先で同じ半径3030mで振り戻している。

時速160㎞走行が可能な曲線半径は1600mだが、これは直線から1600mのカーブになるまでの緩和曲線（徐々に所定の曲線半径に近づけていく曲線）の長さが40mほど必要である。だから半径3030mでは緩和曲線はゼロに近い長さである。

なお、ほくほく線には半径1600mのカーブが28か所あり、そのうち24か所が160㎞走行可能、155㎞、145㎞、140㎞、75㎞制限が各1か所ある。緩和曲線不足しているところもあるが、大半は下り勾配制限によるものもある。下り5‰まで160㎞走行

儀明信号場の六日町寄りで複線トンネルから単線トンネルになる。線路は半径3030mで右にカーブする

犀潟寄りから見たまつだい駅。スルー線との分岐ポイントのノーズ部は可動式だが、右側の待避線とそこから延びる保守基地へのポイントはノーズ可動式にはなっていない

まつだい駅を通過する北越急行所属の681系「はくたか」。出発信号機は高速進行現示になっているが、ホームに人がいると列車から吹く風（列車風）によって危険なために140㎞制限になっている

犀潟寄りからみた十日町駅。通過線と２線の行違線がある島式ホーム１面３線になっている。通過線は半径 1070m の左カーブがあるので 130㎞制限になっている。このため行違線との分岐ポイントはノーズ可動式ではなく通常タイプのポイントにしている

犀潟寄りから見た赤倉信号場

が可能で、5‰増えるごとに5㎞ずつ制限速度が減速される。

十日町駅の前後では当初、地上駅として計画されていた。このとき33‰の上下勾配が3か所と23・8‰が1か所あった。高速化によって高架駅に変更して飯山線との平面交差をなくすとともに33‰の勾配を2か所に減じた。この2か所の勾配は比較的急なカーブ上にある。

十日町駅の六日町寄りに半径500mのカーブがあり、その制限速度は90㎞である。続いて半径660mのカーブがあって100㎞制限になる。そして半径520m、100㎞

六日町寄りからみた十日町駅

赤倉トンネル内にある片面ホームの美佐島駅は特急通過のときに列車風によって列車に進入時の風で壁側に押し込まれ、通過した後は線路のほうへ吸い込まれる。危険なためにホームに立ち入れないように入口はロックされる。停車する普通列車が進入したときにロックが解除されホームに入れるようにしている

制限のカーブがある。十日町駅直近には６０００ｍのカーブがあるものの、前後にカーブがあるので、駅付近は制限速度１４０㎞にしている。

同駅の犀潟寄りに半径１０７０ｍのカーブがあってここは１３０㎞制限になっている。続いて十日町トンネルに入って半径２１００ｍのカーブがあり１５５㎞制限になっている。半径２１００ｍのカーブなら１６０㎞走行が可能だが、その先に１０００ｍのカーブがあって１２０㎞制限を受けるので１５５㎞制限にしている。

十日町駅だけは高速列車通過用の通過線と島式ホームによる上下行違線が置かれている。前述したように前後にカーブがあるため、駅の通過速度は六日町寄りでは１４０㎞、犀潟寄りでは１３０㎞になっている。

ほくほく線でのトンネルの割合は68％にもなっている。しかもトンネル断面積が小さい単線トンネルである。

トンネル抵抗は予想した以上に大きかった

時速80㎞で走る列車に対するトンネル抵抗は単線トンネルの場合、上り勾配２‰に相当するとされていた。上越線の新清水トンネルにおいて１５１系こだま形電車で時速１００㎞によるトンネル抵抗を計測すると７‰に相当するトンネル抵抗があったという結果が出た。

さらに空力《くうりき》特性がいいＪＲ西日本の６８１系電車によって単線トンネルである北陸本線の深坂と新深坂の両トンネルにおいて１６０㎞運転で計測してみると15‰程度という結果が出た。

ほくほく線で１６０㎞運転をするときのトンネル抵抗は当初は３‰相当と考えられていた。それによってほくほく線全線の所要時間は27分30秒と見積もったが、15‰相当という結果が出たために29分0秒と1分30秒遅くすることになった。

六日町―犀潟間の距離は59・5㎞だから最速の特急「はくたか」の平均速度は123・1㎞と在来線で一番速かった。後述するスカイアクセス線を走るスカイライナーの160㎞運転区間の印旛日本医大―空港第2ビル間の平均速度が120・7㎞だから、最速「はくたか」の記録は破られていない。

基本的に単線のほくほく線内で上下の特急「はくたか」が行き違いをしないようにダイヤは組まれていた。1時間おきに特急を走らせるとすれば、所要時間が30分以内であれば行き違う必要はない。160㎞運転でほくほく線内の所要時間が29分だったからすれ違うことはなく、すれ違いは複線の上越線と信越本線・北陸本線で行うようにしていた。

といっても上越新幹線との接続上どうしても1時間の等間隔にはできず、ほくほく線内の行違駅で2分30秒程度の運転停車する「はくたか」があった。とくに季節運転の不定期「はくたか」は運転停車するのがほとんどだった。また十日町停車の「はくたか」があった。十日町駅で行き違うようにしていれば時間ロスは少なくなる。しかし、十日町駅で行違っていたのは十日町停車の「はく

E3系電車

たか」18号と同駅通過の19号との１日１回だけだった。

トンネル内で１６０㎞走行をもっと長くすれば、それだけ所要時間を短くできるので運転停車しないダイヤが組める。

秋田新幹線E３系の狭軌版を投入する構想があった

６８１系は単線のトンネルでトンネル抵抗を大きく緩和する先頭形状になっていなかった。さらにパワー不足で、トンネル内での１６０㎞になかなか加速できなかった。そのために29分の所要時間にせざるを得なかった。

そこで車両増備をするときに、新幹線トンネル内での空力特性がよく、パワーがある秋田新幹線のＥ３系の狭軌版を投入しようとした。しかし、ＪＲ西日本と共通使用している関係上、それは不可能なので６８１系の改良版で北越急行所有の６８３系８０００番台を投入することが決まり、この構想は中止になった。

その後、秋田新幹線用は３２０㎞運転できる、さらにパワーアップし、空力特性を格段に向上したＥ６系電車に取って代わられた。これをほくほく線に投入すれば、越後湯沢―直江津間の所要時間は40分以下、ほ

E6 系電車

くほく線内で20分以下に短縮できるだろうが、すでに北陸新幹線の金沢延伸でほくほく線特急の役目は終了してしまい、160㎞走行の列車は走らなくなってしまった。

また北越急行所属の681系2000番台18両と683系8000番台9両はJR西日本に譲渡した。現在は名古屋―金沢間運転の特急「しらさぎ」に使用されている。

ところで金沢―新潟間の連絡は北陸新幹線の上越妙高駅で在来線に乗り換えることにした。上越妙高駅の長野寄りにある新井駅と新潟駅まで運転する特急「しらゆき」が担うようになった。「しらゆき」の上越妙高―新潟間の所要時間は最速で1時間57分（3号）である。金沢―新潟間は3時間8分になっている。

上越妙高駅から直江津を経てほくほく線に入って六日町駅でスイッチバック、浦佐駅に向かい同駅で上越新幹線に連絡する特急をE6系の狭軌版電車で走らせたとする。

上越妙高―直江津間は13分、直江津駅の停車時間を1分とし、直江津―六日町間は35分はできよう。六日町駅で1分停車して乗務員交代をする。六日町―浦佐間は120㎞運転のノンストップで走ると10分である。上越妙高―浦佐間は60分、乗り換え時間を7分とし上越新幹線の浦佐―新潟間は長岡駅だけ停車してE7系による275㎞運転をすると27分になろう。上越妙高―新潟間は94分になり、「しらゆき」3号より23分短縮する。金沢―新潟間は2時間45分になる。

北陸新幹線金沢延伸でほくほく線の東京―金沢間を結ぶ役目は終わった。快速が細々と走るローカル路線になってしまった。しかし、せっかくの高速運転ができる路線なので上越新幹線連絡の日本海循環線の一環として再活躍できるようにするのも悪くはないといえよう。

ほくほく線に代わって160km運転をするスカイアクセス線

スカイアクセス線は印旛日本医大―空港第2ビル間で160km運転をする。成田湯川―成田空港間が単線である。途中の新根古屋信号場と空港第2ビル駅が行き違い用の駅である。160km走行区間の最小曲線半径は1700m軌間は1435mm標準軌である。

成田湯川駅の成田空港寄りで複線から単線になる。上り線が分岐側の片開き分岐である。日本最大の38番分岐器によるフロントノーズ可動式でクロッシング部との間に空隙がない。このため片開き分岐側でも160kmで通過ができる。38番分岐器は分岐して軌道中心の間隔が1mになるのに38mの長さが必要なポイントである。この分岐器はここと上越新幹線と北陸新幹線が分岐する高崎駅の下り線の2か所しかない。

新根古屋信号場は1線スルー構造になっていて直線側はノーズ可動式分岐器なので当然160kmで通過できるが、分岐側は16番分岐器を使用しているので制限速度は80kmである。

空港第2ビル駅や成田空港駅のポイントは8番を使用していて35km制限である。なお、空港第2ビル―成田空港間の最高速度は55kmである。

新幹線のように車内信号現示によるATCを採用していない。通

常の自動信号機を目視によって運転士が速度をコントロールする。

１６０km走行区間の信号機は６灯６現示である。６灯の表示色は上から黄色（１）、緑色（２）、赤色（３）、緑色（４）、黄色（５）、緑色（６）の順になっている。停止現示は３が点灯、注意現示は５が点灯（45km制限）、減速現示は１と４が点灯（75km制限）、抑速現示（１０５km制限）も１と４が点灯するが点滅点灯である。進行現示（１３０km制限）は４が点灯、高速進行現示（１６０km走行可）は２と６が点灯する。両緑灯の間に３個の信号灯を開けている。

この信号現示に合わせてデジタル符号を軌道回路から信号電波を発し、これを車上子が受けてＡＴＳ（Ｃ－ＡＴＳ）による速照を行う。

一般に運転に細心の注意が必要な場合は停止現示の手前に警戒現示がなされる。警戒現示は黄灯２灯点灯だが、６灯６現示信号機では現示されない。警戒現示は５灯５現示か４灯４現示の信号機で現示される。

５灯５現示は上から黄灯（１）、黄灯（２）、赤灯（３）、黄灯（４）、緑灯（５）が並んでいる。１と４の黄灯が点くと警戒現示である。２灯点灯するときはその間に２個分を開ける決まりになっている。停止現示は３、注意現示は

印旛日本医大駅からスカイライナーは時速160km走行になるので、出発信号機は緑２灯点灯の高速進行現示になる

スカイライナーが印旛日本医大駅を通過後、出発信号機は停止現示になる。右に AE（スカイライナー用車両の形式名称）160㎞／h、特急 130㎞／h を出してもいい表示標が置かれている

成田湯川駅は停車線と通過線がある新幹線タイプの駅。ポイントはノーズ可動式になっている。異常時に折り返しが可能なように上下とも停車線は両方向に出発できる

2、減速現示2と5、進行現示は5が点灯する。

同じ5灯でもかつて160km運転をしていた北越急行のものは4現示式だった。上から緑灯（1）、緑灯（2）、黄灯（3）、赤灯（4）、緑灯（5）が並んでいる。停止現示は4、注意現示は3、進行現示は2、高速進行現示は1と5が点灯する。

印旛日本医大駅を時速130kmで通過時に加速して160km走行を始める。印旛日本医大―空港第2ビル間18・1kmを9分で走りきる。

単線のほくほく線では一部の特急「はくたか」が行き違いのために運転停車していたが、スカイアクセスの単線区間は9・7kmと短い。20分間隔で走るスカイライナーは空港第2ビル駅で行き違いをするから、途中の新根古屋信号場で行き違いのために運転停車することはない。

表定速度は120・7kmとなり、ほくほく線での「はくたか」が廃止された現在では在来線で最速である。スカイアクセス線の成田湯川―空港第2ビル間は最新技術を駆使した最後の単線の新線区間である。

ただし、今後建設する新幹線については建設費を軽減するために単線にすればいいという構想もある。それらの新幹線は運転本数がそんなに多くはないと考えられる。

成田湯川駅の空港寄りで単線になるポイントは分岐側も160kmで通過できるように38番ポイントになっている

成田寄りから見た 38 番ポイント

京成上野行スカイライナーの先にある閉塞信号機（駅間にある信号機）は高速進行現示になってい
る。右は JR の空港線で閉塞信号機は緑灯１灯点灯の進行現示になっている

それでいて高速運転するから途中ですれ違いをすることは少ない。単線で充分対応可能だからである。

新規に開業した西九州新幹線の武雄温泉—長崎間で一番遅い「かもめ」の所要時間は31分、最速は25分だから、うまく組み合わせれば途中で行き違いをすることをしなくてすむ。だから単線でもよかったということである。

しかし、今の新幹線建設規定には単線新幹線についての言及はなく、単線の新幹線の建設は現実的に無理がある。このため単線新幹線が建設されることはない。

成田湯川寄りから見た行き違い用の新根古屋信号場は1線スルー構造になっている。スルー線側は160㎞走行が可だが特急の運転席後部から撮影しているため出発信号機は進行現示になっている

上野行スカイライナーが珍しく分岐側に入線して行き違い待ちするところ。制限速度は直線側が160㎞、分岐側が80㎞

時速160㎞で通過するスカイライナー

山形新幹線福島—米沢間の峠越えを単線による新幹線規格の新線にする構想がある。これが実現すれば初の単線新幹線ということになろう

Profile
川島令三（かわしま・りょうぞう）
1950年兵庫県生まれ。芦屋高校鉄道研究会、東海大学鉄道研究会を経て「鉄道ピクトリアル」編集部に勤務。現在は鉄道アナリスト。
著書に『全国鉄道事情大研究』（シリーズ全30巻、草思社）、『【図説】日本の鉄道　全線・全駅・全配線』（シリーズ全52巻、講談社）、旅鉄CORE『全国未成線徹底検証(国鉄編・私鉄編)』、おとなの鉄学『令和最新版！　ライバル鉄道徹底研究』（天夢人）など多数。
テレビ等でのコメンテーターのほか、早稲田大学エクステンションセンター・オープンカレッジ「鉄道で楽しむ旅」講師もつとめる。

旅鉄 COREは、鉄道の世界を
趣味として、知識として
知見を広めるための
一歩踏み込んだシリーズです

編 集　揚野市子（「旅と鉄道」編集部）
装 丁　板谷成雄
本文デザイン　マジカル・アイランド
校 正　柴崎真波

旅鉄 CORE004

配線で読み解く鉄道の魅力２
単線路線編

2023年3月25日　初版第1刷発行

著 者　川島令三

発行人　勝峰富雄
発 行　株式会社天夢人
〒101-0051　東京都千代田区神田神保町1-105
https://www.temjin-g.co.jp/
発 売　株式会社山と溪谷社
〒101-0051　東京都千代田区神田神保町1-105
印刷・製本　大日本印刷株式会社

●内容に関するお問合せ先
「旅と鉄道」編集部　info@temjin-g.co.jp　電話 03-6837-4680
●乱丁・落丁に関するお問合せ先
山と溪谷社カスタマーセンター　service@yamakei.co.jp
●書店・取次様からのご注文先
山と溪谷社受注センター　電話 048-458-3455　FAX048-421-0513
●書店・取次様からのご注文以外のお問合せ先
eigyo @ yamakei.co.jp

Printed in Japan
ISBN978-4-635-82460-6

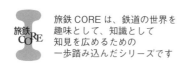